U0161229

柔性直流输电
仿真模型及特性分析

郑 超 李惠玲 丁 平 连攀杰 著 ■

中国电力出版社
CHINA ELECTRIC POWER PRESS

内 容 提 要

本书阐述了柔性直流输电系统的仿真建模，以及柔性直流与交流电网混联系统的稳定特性和控制策略。主要内容包括柔性直流输电系统多时间尺度暂态模型与动态仿真、电压源换流器等效仿真模型及其应用、柔性直流与交流电网混联系统稳定分析与控制、直流电网模型和大规模柔性直流电网仿真、西部送端大型直流输电电网组网方案设想。

本书可供从事柔性直流输电及柔性交直流混联电网稳定分析与控制的工程技术人员，以及高等院校电气专业的教师和研究生阅读。

图书在版编目（CIP）数据

柔性直流输电仿真模型及特性分析/郑超等著. —北京：中国电力出版社，2023.12
ISBN 978-7-5198-8238-9

Ⅰ.①柔… Ⅱ.①郑… Ⅲ.①直流输电-系统建模②直流输电-系统仿真 Ⅳ.①TM721.1

中国国家版本馆 CIP 数据核字（2023）第 201891 号

出版发行：中国电力出版社
地　　址：北京市东城区北京站西街 19 号（邮政编码 100005）
网　　址：http://www.cepp.sgcc.com.cn
责任编辑：陈　丽
责任校对：黄　蓓　常燕昆
装帧设计：郝晓燕
责任印制：石　雷

印　　刷：三河市万龙印装有限公司
版　　次：2023 年 12 月第一版
印　　次：2023 年 12 月北京第一次印刷
开　　本：710 毫米×1000 毫米　16 开本
印　　张：13.5
字　　数：241 千字
印　　数：0001—1000 册
定　　价：88.00 元

前言

2011年5月12日，±30kV/2万kW上海南汇风电场柔性直流输电工程试运行，该工程为亚洲首条柔性直流输电示范工程；2016年±350kV/100万kW鲁西背靠背直流异步联网工程和2019年±420kV/500万kW渝鄂柔性直流背靠背联网工程相继投运，实现了高压大容量柔性直流输电技术在大规模交直流混联电网主干网架中的应用；2020年6月29日，±500kV/900万kW张北多端柔性直流电网工程正式投运，标志着世界首个四端柔性直流环形电网组网成功，实现规模级新能源的动态送出。2022年12月19日，±800kV/800万kW白鹤滩—江苏特高压直流工程试运行，是全球首个混合级联特高压直流工程。短短十几年，国内柔性直流技术发生了质的飞跃，从低电压、小容量、单端送出快速发展到特高压、大功率、组网协调运行，成为电网运行的一颗亮眼新星。

柔性直流输电具有有功无功独立控制、潮流快速翻转、无换相失败、可向无源交流网络供电、谐波含量小等优点，可较好地适应新能源高渗透条件下电网的运行与控制。随着新型电力系统的发展，柔性直流输电将发挥更多重要作用。区别于传统直流的控制特性，柔性直流接入的交直流混联大电网的受扰行为和系统特性也将呈现出一些差异化的新特征和新问题。了解并掌握这些新特征和新问题，将有助于梳理未来以新能源为主的新型电力系统呈现的新特点，更好的把握未来电网的发展方向。

本书从柔性直流输电系统的仿真模型入手，介绍了电压源换流器等效模型在新能源机组的应用，分析了柔性直流接入弱交流电网后的大扰动行为特性和机理，提出了稳定控制策略，并在渝鄂柔性直流背靠背联网工程和白鹤滩—江苏特高压直流工程等实际工程进行了验证。在西部能源大开发背景下，探讨了西部送端直流输电网的柔性直流组网方案。

本书共包括5章和1个附录，其中第1章和第2章主要涉及柔性直流系统的仿真模型，第3章涉及柔性交直流混联系统的稳定控制，第4章和第5章则为直流电网及其在西部送端直流电网的应用。第1章研究了柔性直流系统的机电暂态模型和电磁暂态模型，并提出了针对柔性直流系统的高效电磁暂态仿真方法；面对混合型MMC工作状态的复杂多样性，提出了全状态的高效电磁暂态仿真方法；构建了柔性直流输电系统的小干扰稳定分析模型，设计了基于频域响应辨识的柔性直流附加阻尼控制器。第 2 章介绍了受控源模拟的电压源换流器等效仿真模型，并进行了验证；进一步分析了柔性直流系统的次同步振荡阻尼特性；将电压源换流器等效仿真模型应用于风电和光伏并网系统。第 3 章针对柔性直流接入弱交流电网的大扰动行为机理及影响因素进行了分析；研究了柔性直流系统在大连电网、西南电网和白鹤滩工程的动态行为特性，并提出了相应的稳定控制策略。第 4 章介绍了一种基于多速率仿真和简化离散牛顿的暂态模型，该模型适用于大规模电网稳定分析的电压源型换流器和直流电网。第 5 章构建了以柔性直流为基础的西部送端大型直流输电网，提出了 3 种组网形态和方案，可为未来我国大规模"西电东送"提供技术参考思路。

囿于作者水平以及仿真工具能够揭示客观真实现象的程度，书中难免存在错误和不妥之处，恳请广大读者批评指正。

郑 超

2023 年 6 月

于中国电力科学研究院

本书所用的首字母缩略语

FLC	frequency limit controller	频率限制器
FRTS	fault ride through strategy	故障穿越策略
IGBT	insulated gate bipolar transistor	绝缘栅双极型晶体管
LCC-HVDC	line commutated converter based high voltage direct current	电网换相高压直流输电
LPF	low-pass filter	环路滤波器
NLC	nearest level control	最近电平逼近控制
PD	phase detector	鉴相器
PI	proportion integration	比例积分调节器
PLL	phase locked loop	锁相环
PSASP	power system analysis software packag	电力系统分析综合程序
PSModel	power system model	中国电力科学研究院独立研制开发的电磁暂态仿真软件
PSS	power system stabilizer	电力系统稳定器
PWM	pulse width modulation	脉宽调制
RAML	rectifier alpha min limiter	整流器最小触发角限制器
SPWM	sine pulse width modulation	正弦波脉宽调制
SSDC	supplementary subsynchronous damping controller	附加次同步振荡阻尼控制器
SSO	subsynchronous oscillation	次同步振荡
SVC	static var compensator	静止无功补偿器
TCSC	thyristor controlled series compensation	可控串联补偿装置
VCO	voltage-controlled oscillator	压控振荡器
VDCOL	voltage dependent current order limit	低压限流
VSC-HVDC	voltage sourced converter based high voltage direct current	电压源换流器高压直流输电
UD	user defined	用户自定义
UPI	user program interface	用户编程接口

目录

1 柔性直流输电系统多时间尺度暂态模型与动态仿真

1.1 柔性直流输电系统机电暂态模型与动态仿真

1.1.1 柔性直流输电系统机电暂态建模

1.1.1.1 模型结构

双端 VSC-HVDC 机电暂态模型结构如图 1-1 所示。图中，X_c 为换流变压器漏抗，R_c 代表换流变压器电阻以及 VSC 等效损耗，C_d 为直流电容，r_d、l_d 分别为直流输电线路电阻和电感；VSC 交流侧有功功率、无功功率以及换流器侧有功功率分别为 P_d、Q_d、P_c；M、δ 分别为控制系统输出的调制比与移相角度；u_d、i_d 分别为直流电压与电流；U_s、δ_s 为 VSC 交流母线电压幅值与相位；I_{dx}、I_{dy} 为交流母线注入电流的实部和虚部分量；下角标"1"和"2"分别代表与

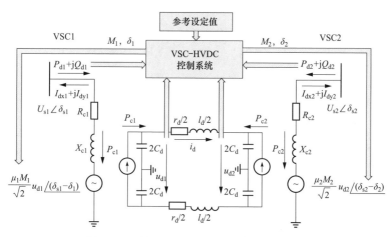

图 1-1　双端 VSC-HVDC 机电暂态模型结构

VSC1 和 VSC2 相关的物理量。从图中可以看出，VSC-HVDC 机电暂态模型主要包括 VSC 与交流系统接口的准稳态模型、直流输电系统动态模型以及控制系统模型三个部分。

1.1.1.2　VSC 与交流系统接口的准稳态模型

电压源换流器具有两个控制变量，即调制比 M 和相对于电压源换流器交流侧母线电压的移相角度 δ，其输出交流电压的基频分量可以表示为

$$\dot{U}_{\mathrm{c}} = \frac{\mu M}{\sqrt{2}} u_{\mathrm{d}} \underline{/(\delta_{\mathrm{s}} - \delta)} \tag{1-1}$$

式中：δ_{s} 为 VSC 交流母线电压在同步旋转 xy 坐标系中的角度；u_{d} 为直流侧电压；μ 为与脉宽调制方式相关的直流电压利用率。

由式（1-1）可见，对于交流侧而言，VSC 可以等效为一个端电压幅值、相角均可控，无旋转惯量的理想同步发电机。

与机电暂态仿真中交流电网采用准稳态模型相对应，VSC 交流侧也采用准稳态模型。VSC 对交流电网的影响，可通过 VSC 注入其交流母线的电流来体现。该注入电流由换流器出口电压 $\dot{U}_{\mathrm{c}}$ 以及交流母线电压 $\dot{U}_{\mathrm{s}}$ 共同作用于换流变压器阻抗 $R_{\mathrm{c}} + \mathrm{j}X_{\mathrm{c}}$ 形成，其计算公式为

$$\dot{I}_{\mathrm{d}} = \frac{\dot{U}_{\mathrm{c}} - \dot{U}_{\mathrm{s}}}{R_{\mathrm{c}} + \mathrm{j}X_{\mathrm{c}}} \tag{1-2}$$

进一步推导，注入电流在同步旋转 xy 坐标系中的实部分量 I_{dx} 和虚部分量 I_{dy} 分别为

$$\begin{cases} I_{\mathrm{dx}} = U_{\mathrm{c}} Y \sin(\delta_{\mathrm{s}} - \delta + \alpha) - U_{\mathrm{s}} Y \sin(\delta_{\mathrm{s}} + \alpha) \\ I_{\mathrm{dy}} = -U_{\mathrm{c}} Y \cos(\delta_{\mathrm{s}} - \delta + \alpha) + U_{\mathrm{s}} Y \cos(\delta_{\mathrm{s}} + \alpha) \end{cases} \tag{1-3}$$

其中

$$Y = 1/\sqrt{R_{\mathrm{c}}^2 + X_{\mathrm{c}}^2}$$

$$\alpha = \arctan(R_{\mathrm{c}}/X_{\mathrm{c}})$$

1.1.1.3　直流输电系统动态模型

由式（1-3）可知，VSC 直流侧电压大小直接影响其交流侧输出电压的幅值。因此，在暂态稳定分析中，计及直流输电系统内部动态过程十分必要。

直流输电系统内部的动态元件包括 VSC 直流侧电容以及输电线路电感。如图 1-1 所示，对电容电压 u_{d1}、u_{d2} 利用基尔霍夫电流定律，对输电线路电流 i_{d} 利用基尔霍夫电压定律，可得双端 VSC-HVDC 直流输电系统动态方程为

$$\begin{cases} Z_{\mathrm{dB}}C_{\mathrm{d}}u_{\mathrm{d1}}\dfrac{\mathrm{d}u_{\mathrm{d1}}}{\mathrm{d}t}=P_{\mathrm{c1}}-i_{\mathrm{d}}u_{\mathrm{d1}} \\[2mm] Z_{\mathrm{dB}}C_{\mathrm{d}}u_{\mathrm{d2}}\dfrac{\mathrm{d}u_{\mathrm{d2}}}{\mathrm{d}t}=P_{\mathrm{c2}}+i_{\mathrm{d}}u_{\mathrm{d2}} \\[2mm] \dfrac{l_{\mathrm{d}}}{Z_{\mathrm{dB}}}\dfrac{\mathrm{d}i_{\mathrm{d}}}{\mathrm{d}t}=u_{\mathrm{d1}}-u_{\mathrm{d2}}-r_{\mathrm{d}}i_{\mathrm{d}} \end{cases} \tag{1-4}$$

式中除了 C_{d}、l_{d} 以及直流侧基准阻抗 Z_{dB} 为有名值以外,其余各量均为标幺值。式(1-4)中,两端 VSC 注入直流系统的有功功率计算公式为

$$\begin{cases} P_{\mathrm{c1}}=U_{\mathrm{c1}}U_{\mathrm{s1}}Y\sin(\delta_1+\alpha)-U_{\mathrm{c1}}^2Y\sin\alpha \\[2mm] P_{\mathrm{c2}}=U_{\mathrm{c2}}U_{\mathrm{s2}}Y\sin(\delta_2+\alpha)-U_{\mathrm{c2}}^2Y\sin\alpha \end{cases} \tag{1-5}$$

1.1.1.4　控制系统模型

如前所述,VSC 能够调节其交流输出电压的幅值与相角,实现对有功功率、无功功率、直流电压以及交流母线电压灵活、快速的控制。VSC-HVDC 控制系统可采用比例积分调节器,有功功率、无功功率、交流母线电压以及直流电压控制器如图 1-2 所示,其中 K_{P}、K_{Q}、K_{U}、K_u,T_{P}、T_{Q}、T_{U}、T_u 分别为比例积分调节器的比例系数和积分时间常数;T_{mP}、T_{mQ}、T_{mU}、T_{mu} 为测量环节时间常数;T_{M} 和 T_{δ} 分别为模拟 VSC 输出电压幅值和相位调节时间常数;下角标"ref"代表相应物理量设定值。有功功率控制器中,P_{dmp} 为 VSC-HVDC 附加阻尼控制器的输出信号。M_0 和 δ_0 为 VSC 稳态运行时的调制比和移相角度,ΔM 和 $\Delta\delta$ 为比例积分调节器输出的调节量。另外,控制系统的输入量 P_{d} 和 Q_{d} 的计算式为

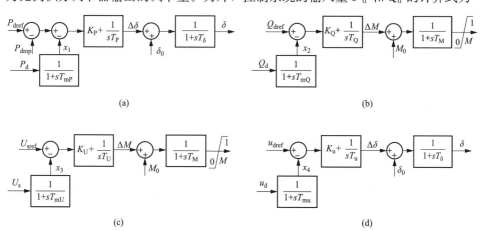

图 1-2　基于比例积分调节器的 VSC-HVDC 控制系统

(a)有功功率控制器;(b)无功功率控制器;(c)交流电压控制器;(d)直流电压控制器

$$\begin{cases} P_{\mathrm{d}} = U_{\mathrm{s}}^2 Y\sin\alpha + U_{\mathrm{s}}U_{\mathrm{c}}Y\sin(\delta-\alpha) \\ Q_{\mathrm{d}} = U_{\mathrm{s}}^2 Y\cos\alpha - U_{\mathrm{s}}U_{\mathrm{c}}Y\cos(\delta-\alpha) \end{cases} \tag{1-6}$$

双端 VSC-HVDC 运行时，需有一端 VSC 采用定直流电压控制，充当有功平衡换流器。以定直流电压 VSC 向交流系统输送有功功率为例，由图 1-2（d）可知，如果系统扰动引起其直流侧电压升高，负的偏差信号作用于比例积分调节器，将使得移相角度的绝对值增大，即换流变压器两端电压的相角差增大，对应 VSC 向交流系统输送的有功功率将增加，直流电容将放电，使电压恢复到参考值。对于其他情况，也可作类似分析。

1.1.2 基于用户自定义模型的柔性直流动态仿真

1.1.2.1 用户自定义建模原理

在电力系统分析商业程序中，通常提供有大量元件固定模型库，供用户根据实际系统仿真需要选用。然而，电力系统和电力电子技术的发展，推动新型元件不断投入和控制技术持续升级进步，原有的元件固定模型将难以满足快速发展的新需求。虽然可以对已有程序加以增补，但所增加的功能不但要求与已有功能兼容，而且要对与之相关的部分作严密的处理。这要求熟知原程序的功能与结构，对一般使用者而言，难度较大。此外，这种被动的开发方法，势必总是落后于电力系统发展的需要。

国内广泛应用的电力系统分析综合程序（PSASP）为使用者提供了用户自定义（UD）建模功能。使用者在无须了解原程序内部功能和结构以及编程规范的条件下，可根据仿真计算需要，自行设计新型元件或控制系统的模型。PSASP 主程序通过数据交互，调用用户自定义的新元件模型，从而实现计及新元件的计算任务。用户自定义模型功能的实现，极大地提高了开发计及新型系统元件和新型控制装置的电力系统分析程序的效率。

PSASP/UD 的实现原理示意如图 1-3 所示。PSASP 主程序向 UD 模型输入计算数据，如新元件的交流母线电压，UD 模型经计算后向 PSASP 主程序输出计算结果，如新元件注入其交流母线的电流。UD 模型可由多个功能模块构成，各模块之间通过临时变量实现数据共享。

1.1.2.2 VSC-HVDC 用户自定义建模

VSC-HVDC 机电暂态模型主要包括 VSC 交流侧准稳态模型、直流输电系统动态模型、控制系统模型三个部分。此外，还需计算 VSC 交流侧有功功率与无功功率，以及 VSC 注入其直流系统的有功功率。基于 PSASP/UD 的双端 VSC-HVDC 机电暂态仿真模型的用户自定义建模结构如图 1-4 所示。

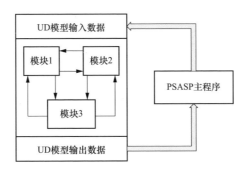

图 1-3　PSASP/UD 实现原理示意

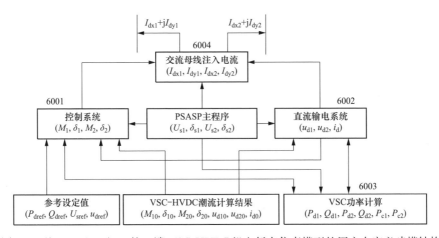

图 1-4　基于 PSASP/UD 的双端 VSC-HVDC 机电暂态仿真模型的用户自定义建模结构

　　图中 6001 模块实现图 1-2 所示的 VSC-HVDC 比例积分调节控制功能；6002 模块实现式（1-4）所示的 VSC-HVDC 直流输电系统动态模型，由三阶微分方程组成，对应的状态变量分别为 u_{d1}、u_{d2} 和 i_d；6003 模块利用式（1-5）和式（1-6）计算 VSC 功率 P_c 和 P_d、Q_d；6004 模块利用式（1-3）计算 VSC 注入其交流母线电流的实部和虚部，从而在 PSASP 主程序中计及 VSC-HVDC 对交流系统的影响。VSC-HVDC 机电暂态模型实现中，VSC 交流母线电压幅值与相角由 PSASP 主程序提供。此外，VSC-HVDC 机电暂稳仿真中各状态变量的初始值由交直流混联系统潮流计算提供。

1.1.2.3　单机交直流混联系统动态仿真

　　以图 1-5 所示的单机 VSC-HVDC 交直流混联输电系统为例，发电机容量为

100MVA，交流输电系统电压等级为 115kV；VSC-HVDC 中电压源换流器容量为 50MVA，换流变压器变比为 115kV/62.5kV；系统基准容量取为 100MVA。

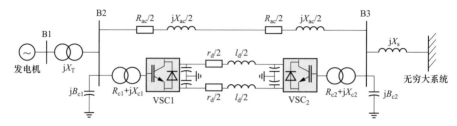

图 1-5　单机 VSC-HVDC 交直流混联输电系统

交流系统、VSC-HVDC 主电路中各元件的标幺值参数以及控制系统参数如下。

（1）发电机参数：$T_J=8.393s$，$x_d=0.75$（标幺值），$x_q=0.611$（标幺值），$x_d'=0.306$（标幺值），$T_{d0}=5.95s$。

（2）交流输电系统参数：$X_T=0.14$（标幺值），$R_{ac}=0.0188$（标幺值），$X_{ac}=0.5008$（标幺值），$X_s=0.06$（标幺值），$B_{c1}=B_{c2}=0.1$（标幺值）。

（3）VSC-HVDC 主电路参数：$R_{c1}=R_{c2}=0.02$（标幺值），$X_{c1}=X_{c2}=0.4$（标幺值），$r_d=0.2744$（标幺值），$C_d=400\mu f$，$l_d=0.02H$。

（4）VSC-HVDC 控制系统参数：$K_P=1.5$，$T_P=0.1s$；$K_Q=1.0$，$T_Q=0.1s$；$K_U=2.0$，$T_U=0.01s$；$K_u=0.4$，$T_u=0.1s$；$T_{mP}=T_{mQ}=T_{mU}=0.01s$，$T_{mu}=0.005s$；$T_M=T_\delta=0.01s$。

VSC-HVDC 控制方式为：VSC1 采用定有功功率和定无功功率 P_d-Q_d 控制，且 $P_{d1ref}=0.45$（标幺值），$Q_{d1ref}=0.0$（标幺值）；VSC2 采用定直流电压和定无功功率 u_d-Q_d 控制，且 $u_{d2ref}=1.888$（标幺值），$Q_{d2ref}=0.0$（标幺值）。暂态稳定仿真中，所施加的系统故障为：0.5s 交流线路中点发生三相非金属性短路。

VSC-HVDC 输电系统中，直流电容为 VSC 提供电压支撑。由于直流电容并非作为存能元件运行，因此，其电容大小满足直流侧电压谐波要求即可。直流电容大小对系统动态特性影响的仿真对比结果如图 1-6 所示。从图中可以看出，直流电容大小主要影响直流系统的动态过程，对交流母线电压的动态过程也稍有影响，对发电机功角振荡则无明显影响。

换流变压器是 VSC 与交流系统进行能量交换的纽带，换流变压器漏抗对系统稳定性影响的仿真对比结果如图 1-7 所示。与直流电容相似，换流变压器漏抗大小仅影响 VSC 直流电压、直流电流及其交流母线电压的动态过渡过程，对发电机功角振荡并无明显影响。

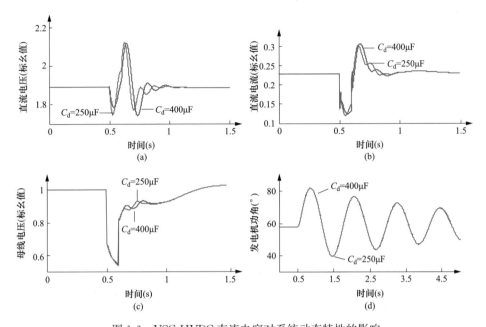

图 1-6　VSC-HVDC 直流电容对系统动态特性的影响

（a）VSC2 直流侧电压 u_{d2}；（b）直流电流 i_d；（c）交流母线 B2 电压；（d）发电机功角

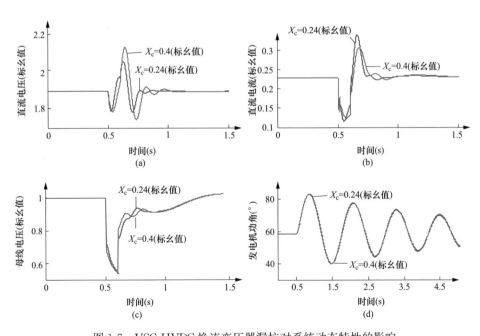

图 1-7　VSC-HVDC 换流变压器漏抗对系统动态特性的影响

（a）VSC2 直流侧电压 u_{d2}；（b）直流电流 i_d；（c）交流母线 B2 电压；（d）发电机功角

1.1.2.4 多机交直流混联系统动态仿真

以经过修改的 8 机 CEPRI-36 节点系统为例，交直流混联系统结构如图 1-8 所示，对应交流系统的相关参数见附录。该系统中，双端 VSC-HVDC 连接于交流母线 B32 和 B33 之间，与交流线路 B30-B19 构成交直流混联输电系统，共同向负荷中心发电机 G7 和 G8 输出电力。对应系统基准容量为 100MVA，VSC-HVDC 主电路的参数为：$R_{c1}=R_{c2}=0.005$（标幺值）、$X_{c1}=X_{c2}=0.075$（标幺值）、$r_d=0.0756$（标幺值）、$C_d=400\mu F$、$l_d=0.02H$；VSC-HVDC 主控制系统参数为：$K_P=1.5$、$T_P=0.1s$；$K_Q=1.0$、$T_Q=0.1s$；$K_U=2.0$、$T_U=0.01s$；$K_u=0.4$、$T_u=0.1s$；$T_{mP}=T_{mQ}=T_{mU}=0.1s$、$T_{mu}=0.05s$；$T_M=T_\delta=0.01s$。

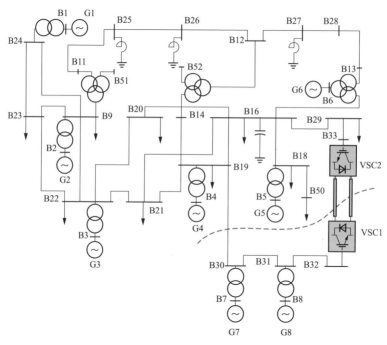

图 1-8　经修改的 8 机 CEPRI-36 节点交直流混联输电系统

仿真中，发电机均采用 E_q'、E_q''、E_d'' 变化的五阶模型，发电机 G2-G5 和 G7-G8 计及调压器和调速器的作用。

设置双端 VSC-HVDC 控制方式为：VSC1 定有功功率 [$P_{d1ref}=2.0$（标幺值）]、定无功功率 [$Q_{d1ref}=-0.5$（标幺值）] 控制；VSC2 定直流电压 [$u_{d2ref}=1.888$（标幺值）]、定无功功率 [$Q_{d2ref}=-0.5$（标幺值）] 控制。交流母线 B19 发生三相非金属性短路，其持续时间为 100ms，接地电抗为 0.03（标幺值）。对应的仿真计算结果如图 1-9 所示。

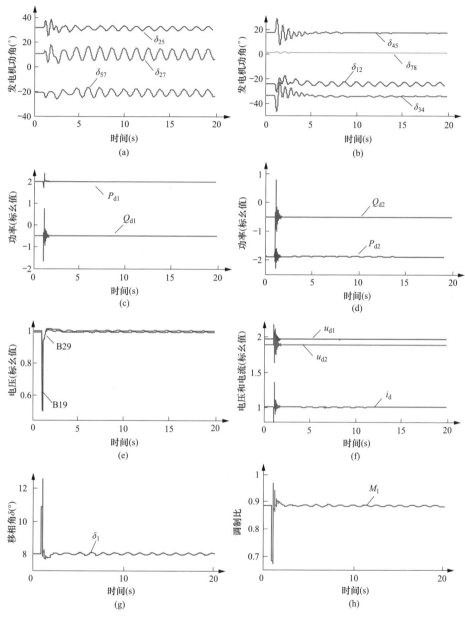

图 1-9　两端 VSC 控制无功功率的暂态仿真结果（一）

（a）发电机功角 δ_{25}、δ_{27}、δ_{57}；（b）发电机功角 δ_{45}、δ_{78}、δ_{12}、δ_{34}；（c）VSC1 交流侧有功和
无功功率；（d）VSC2 交流侧有功和无功功率；（e）交流系统母线电压；（f）VSC-HVDC 内部
直流变量；（g）VSC1 移相角度；（h）VSC1 调制比

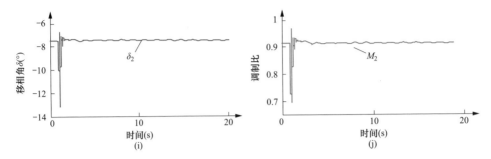

图 1-9　两端 VSC 控制无功功率的暂态仿真结果（二）

（i）VSC2 移相角度；（j）VSC2 调制比

从仿真结果可以看出，系统受到扰动后，VSC-HVDC 主控制将依据被控 VSC 交流有功功率、无功功率以及直流电压的变化，动态调节 VSC 的控制量（即调制比和移相角度），使被控功率以及直流电压达到参考值。不同控制方式下的 VSC1 和 VSC2，其交流侧有功功率和无功功率仅在扰动期间以及扰动消除后的短暂时间内有所波动，对于交流母线而言，VSC 基本上可视为有功功率和无功功率恒定的负荷。由于 VSC 采用定无功功率控制，因此 VSC 无法动态地向交流系统补偿无功功率，扰动后交流母线电压呈现出一定的波动。此外，发电机 G7 和 G8 相对于系统中其他发电机的功角振荡，呈现出弱阻尼低频振荡特性。这表明在该控制方式下，仅依靠 VSC-HVDC 主控制无法起到抑制系统低频振荡、增加系统阻尼的作用。

设置双端 VSC-HVDC 控制方式为：VSC1 定有功功率、定交流母线电压控制；VSC2 定直流电压、定交流母线电压控制，且控制目标设定值为：$P_{d1ref}=2.0$（标幺值）、$U_{s1ref}=1.028$（标幺值）、$u_{d2ref}=1.888$（标幺值）、$U_{s2ref}=1.0$（标幺值）。交流母线 B19 发生三相非金属性短路，其持续时间为 100ms，接地电抗为 0.03（标幺值）。对应的仿真计算结果如图 1-10 所示。

从仿真结果可以看出，故障扰动期间，VSC 为控制其交流母线电压达到参考值，将会向交流系统提供大量无功功率，因此容易造成其过载。此外，该控制方式下，定交流母线电压控制器将出现积分饱和现象，相应调制比将达到上限，从而使控制器失去调节能力，待扰动消除交流系统电压水平提高后，VSC 交流母线电压控制器才恢复其调节能力。扰动消除后，VSC 保持其交流有功功率为设定值的同时，将向交流系统动态补偿无功功率，系统具有较好的电压稳定性。因此，对于交流母线，VSC 可被视为恒定有功功率负荷与 STATCOM 的组合。

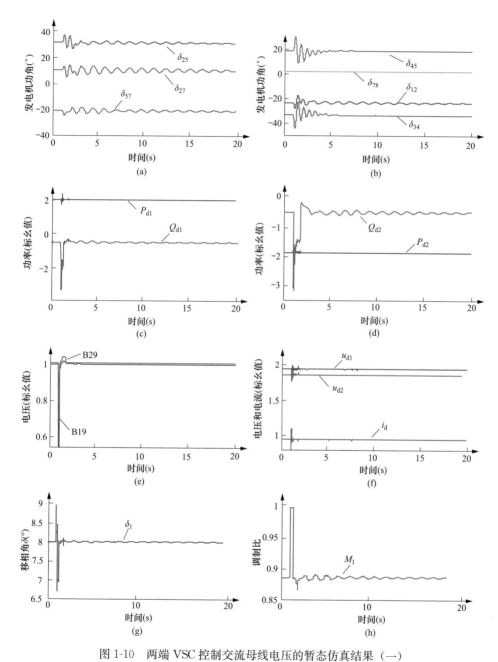

图 1-10 两端 VSC 控制交流母线电压的暂态仿真结果（一）

（a）发电机功角 δ_{25}、δ_{27}、δ_{57}；（b）发电机功角 δ_{45}、δ_{78}、δ_{12}、δ_{34}；（c）VSC1 交流侧有功和无功功率；（d）VSC2 交流侧有功和无功功率；（e）交流系统母线电压；（f）VSC-HVDC 内部直流变量；（g）VSC1 移相角度；（h）VSC1 调制比

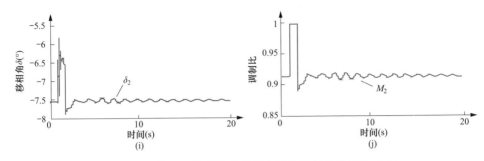

图 1-10　两端 VSC 控制交流母线电压的暂态仿真结果（二）

(i) VSC2 移相角度；(j) VSC2 调制比

从图 1-9（a）、图 1-9（b）以及图 1-10（a）、图 1-10（b）可以看出，系统受扰后发电机 G7、G8 与 G1、G2 以及系统中其他发电机之间将发生弱阻尼低频振荡。虽然 VSC-HVDC 在控制交流母线电压的情况下，交流系统电压水平提高对发电机功角振荡有抑制作用，但振荡仍具有弱阻尼特性，即该控制方式仍无法显著增加系统阻尼。

1.1.3　基于用户程序接口的柔性直流动态仿真

1.1.3.1　用户程序接口原理

PSASP 程序提供的用户程序接口（user program interface，UPI）功能，可充分利用 PSASP 资源，减少新元件模型开发的工作量，缩短开发周期，而且能提高新程序的可靠性。PSASP 程序与用户程序交替求解，共同完成计算任务。PSASP 与用户程序 UP 交互方式如图 1-11 所示，其中 X 和 Y 分别为两个程序的交互数据。

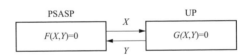

图 1-11　PSASP 与用户程序 UP 交互方式

PSASP/UPI 的主要特性为：

（1）UP 程序可采用 FORTRAN、C 语言编写。

（2）UP 程序开发可充分利用 PSASP 的数学模型和功能。

（3）为方便用户程序的调试和结果整理，PSASP/UPI 提供了将用户程序中某些指定量，整理成表格或曲线的输出功能。

（4）PSASP/UPI 提供用于用户程序之间的数据交互接口变量，可将复杂的用户程序分解成若干个子程序。

1.1.3.2　柔性直流的数值仿真模型与算法

采用隐式梯形积分公式，将 VSC-HVDC 系统的微分方程转换为差分方程。对应直流输电系统动态方程式（1-4）的差分方程为

$$\begin{cases} u_{d1}^{(t)} = u_{d1}^{(t-\Delta t)} + \dfrac{\Delta t}{2Z_c}\left(\dfrac{P_{c1}^{(t)}}{u_{d1}^{(t)}} - i_d^{(t)} + \dfrac{P_{c1}^{(t-\Delta t)}}{u_d^{(t-\Delta t)}} - i_d^{(t-\Delta t)}\right) \\[3ex] u_{d2}^{(t)} = u_{d2}^{(t-\Delta t)} + \dfrac{\Delta t}{2Z_c}\left(\dfrac{P_{c2}^{(t)}}{u_{d1}^{(t)}} + i_d^{(t)} + \dfrac{P_{c2}^{(t-\Delta t)}}{u_d^{(t-\Delta t)}} + i_d^{(t-\Delta t)}\right) \\[3ex] i_d^{(t)} = i_d^{(t-\Delta t)} + \dfrac{\Delta t}{2Z_1}(u_{d1}^{(t)} - u_{d2}^{(t)} - r_d i_d^{(t)} + u_{d1}^{(t-\Delta t)} - u_{d2}^{(t-\Delta t)} - r_d i_d^{(t-\Delta t)}) \end{cases} \quad (1\text{-}7)$$

其中
$$Z_c = Z_{dB} C_d$$
$$Z_1 = l_d / Z_{dB}$$

对应图 1-1 所示 VSC-HVDC 控制系统，四个控制器所对应的差分方程分别如式（1-8）～式（1-11）所示，其中 x_1、x_2、x_3、x_4 为相应测量环节输出的中间变量。

$$\begin{cases} x_1^{(t)} = \dfrac{1}{\left(1 + \dfrac{\Delta t}{2T_{mP}}\right)}\left[x_1^{(t-\Delta t)} + \dfrac{\Delta t}{2T_{mP}}(P_d^{(t-\Delta t)} - x_1^{(t-\Delta t)}) + \dfrac{\Delta t}{2T_{mP}}P_d^{(t)}\right] \\[3ex] \Delta\delta^{(t)} = \Delta\delta^{(t-\Delta t)} - \left(K_P - \dfrac{\Delta t}{2T_P}\right)(P_{dref}^{(t-\Delta t)} - P_{dmp}^{(t-\Delta t)} - x_1^{(t-\Delta t)}) + \\[3ex] \left(K_P + \dfrac{\Delta t}{2T_P}\right)(P_{dref}^{(t)} - P_{dmp}^{(t)} - x_1^{(t)}) \\[3ex] \delta^{(t)} = \dfrac{1}{\left(1 + \dfrac{\Delta t}{2T_\delta}\right)}\left[\delta^{(t-\Delta t)} + \dfrac{\Delta t}{2T_\delta}(\Delta\delta^{(t-\Delta t)} + \delta_0 - \delta^{(t-\Delta t)}) + \dfrac{\Delta t}{2T_\delta}(\Delta\delta^{(t)} + \delta_0)\right] \end{cases}$$

$$(1\text{-}8)$$

$$\begin{cases} x_2^{(t)} = \dfrac{1}{\left(1 + \dfrac{\Delta t}{2T_{mQ}}\right)}\left[x_2^{(t-\Delta t)} + \dfrac{\Delta t}{2T_{mQ}}(Q_d^{(t-\Delta t)} - x_2^{(t-\Delta t)}) + \dfrac{\Delta t}{2T_{mQ}}Q_d^{(t)}\right] \\[3ex] \Delta M^{(t)} = \Delta M^{(t-\Delta t)} - \left(K_Q - \dfrac{\Delta t}{2T_Q}\right)(Q_{dref}^{(t-\Delta t)} - x_2^{(t-\Delta t)}) + \left(K_Q + \dfrac{\Delta t}{2T_Q}\right)(Q_{dref}^{(t)} - x_2^{(t)}) \\[3ex] M^{(t)} = \dfrac{1}{\left(1 + \dfrac{\Delta t}{2T_M}\right)}\left[M^{(t-\Delta t)} + \dfrac{\Delta t}{2T_M}(\Delta M^{(t-\Delta t)} + M_0 - M^{(t-\Delta t)}) + \dfrac{\Delta t}{2T_M}(\Delta M^{(t)} + M_0)\right] \end{cases}$$

$$(1\text{-}9)$$

$$\begin{cases} x_3^{(t)} = \dfrac{1}{\left(1 + \dfrac{\Delta t}{2T_{mU}}\right)}\left[x_3^{(t-\Delta t)} + \dfrac{\Delta t}{2T_{mU}}(U_s^{(t-\Delta t)} - x_3^{(t-\Delta t)}) + \dfrac{\Delta t}{2T_{mU}}U_s^{(t)}\right] \\[3mm] \Delta M^{(t)} = \Delta M^{(t-\Delta t)} - \left(K_U - \dfrac{\Delta t}{2T_U}\right)(U_{sref}^{(t-\Delta t)} - x_3^{(t-\Delta t)}) + \left(K_U + \dfrac{\Delta t}{2T_U}\right)(U_{sref}^{(t)} - x_3^{(t)}) \\[3mm] M^{(t)} = \dfrac{1}{\left(1 + \dfrac{\Delta t}{2T_M}\right)}\left[M^{(t-\Delta t)} + \dfrac{\Delta t}{2T_M}(\Delta M^{(t-\Delta t)} + M_0 - M^{(t-\Delta t)}) + \dfrac{\Delta t}{2T_M}(\Delta M^{(t)} + M_0)\right] \end{cases}$$

$$(1\text{-}10)$$

$$\begin{cases} x_4^{(t)} = \dfrac{1}{\left(1 + \dfrac{\Delta t}{2T_{mu}}\right)}\left[x_4^{(t-\Delta t)} + \dfrac{\Delta t}{2T_{mu}}(u_d^{(t-\Delta t)} - x_4^{(t-\Delta t)}) + \dfrac{\Delta t}{2T_{mu}}u_d^{(t)}\right] \\[3mm] \Delta\delta^{(t)} = \Delta\delta^{(t-\Delta t)} - \left(K_u - \dfrac{\Delta t}{2T_u}\right)(u_{dref}^{(t-\Delta t)} - x_4^{(t-\Delta t)}) + \left(K_u + \dfrac{\Delta t}{2T_u}\right)(u_{dref}^{(t)} - x_4^{(t)}) \\[3mm] \delta^{(t)} = \dfrac{1}{\left(1 + \dfrac{\Delta t}{2T_\delta}\right)}\left[\delta^{(t-\Delta t)} + \dfrac{\Delta t}{2T_\delta}(\Delta\delta^{(t-\Delta t)} + \delta_0 - \delta^{(t-\Delta t)}) + \dfrac{\Delta t}{2T_\delta}(\Delta\delta^{(t)} + \delta_0)\right] \end{cases}$$

$$(1\text{-}11)$$

为讨论方便，将与 VSC-HVDC 模型相关的代数方程和差分方程写成

$$\boldsymbol{U}_c^{(t)} = \boldsymbol{F}_U(\boldsymbol{X}_d^{(t)}, \boldsymbol{X}_c^{(t)}) \tag{1-12}$$

$$\boldsymbol{PQ}^{(t)} = \boldsymbol{F}_{PQ}(\boldsymbol{U}_s^{(t)}, \boldsymbol{U}_c^{(t)}, \boldsymbol{X}_c^{(t)}) \tag{1-13}$$

$$\boldsymbol{I}_{xy}^{(t)} = \boldsymbol{F}_I(\boldsymbol{U}_s^{(t)}, \boldsymbol{\delta}_s^{(t)}, \boldsymbol{U}_c^{(t)}, \boldsymbol{X}_c^{(t)}) \tag{1-14}$$

$$\boldsymbol{X}_d^{(t)} = \boldsymbol{F}_d(\boldsymbol{X}_d^{(t)}, \boldsymbol{X}_d^{(t-\Delta t)}, \boldsymbol{PQ}^{(t)}, \boldsymbol{PQ}^{(t-\Delta t)}) \tag{1-15}$$

$$\boldsymbol{X}_c^{(t)} = \boldsymbol{F}_c(\boldsymbol{X}_c^{(t)}, \boldsymbol{X}_c^{(t-\Delta t)}, \boldsymbol{X}_d^{(t)}, \boldsymbol{X}_d^{(t-\Delta t)}, \boldsymbol{PQ}^{(t)}, \boldsymbol{PQ}^{(t-\Delta t)}, \boldsymbol{U}_s^{(t)}, \boldsymbol{U}_s^{(t-\Delta t)}) \tag{1-16}$$

式中：$\boldsymbol{F}_U$ 为 VSC 出口电压计算式；$\boldsymbol{F}_{PQ}$ 为与式（1-5）和式（1-6）对应的功率计算式；$\boldsymbol{F}_I$ 为与式（1-3）对应的 VSC 母线注入电流计算式；$\boldsymbol{F}_d$ 为与式（1-7）对应的直流输电系统差分方程式；$\boldsymbol{F}_c$ 为与式（1-8）～式（1-11）对应的控制系统差分方程式；$\boldsymbol{P}$、$\boldsymbol{Q}$ 分别为 VSC 交流侧以及出口侧有功功率和无功功率；$\boldsymbol{I}_{xy}$ 为 VSC 母线注入电流；$\boldsymbol{X}_d$、$\boldsymbol{X}_c$ 分别为直流输电系统、控制系统状态变量；$\boldsymbol{U}_s$、$\boldsymbol{\delta}_s$ 为 VSC 交流母线电压幅值与相角。

基于 PSASP/UPI 的 VSC-HVDC 仿真算法如图 1-12 所示。PSASP 暂态稳定仿真程序 ST 调用 VSC-HVDC 机电暂态仿真用户程序 UP 时，ST 向 UP 输入 VSC 交流母线电压幅值与相角，以及 ST 计算状态标志位 MARK。MARK 的取值与意义为：

（1）MARK＝0，UP 读取潮流计算结果，为 VSC-HVDC 系统状态变量赋初值。

（2）MARK＝−1，UP 执行积分计算，且本时步积分结果还需与 ST 进行迭代。

（3）MARK＝1，本时步计算结束，保存该时步计算结果。

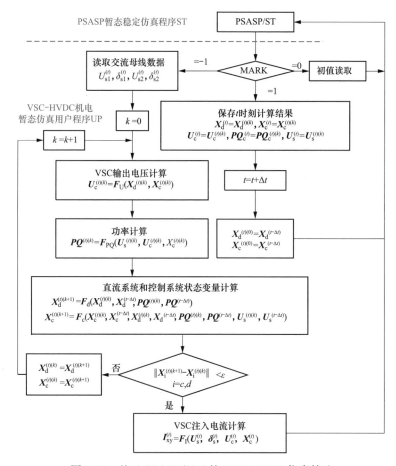

图 1-12　基于 PSASP/UPI 的 VSC-HVDC 仿真算法

1.1.3.3　交直流混联系统动态仿真

以图 1-13 所示的四机两区域 VSC-HVDC 交直流混联输电系统为例，VSC1 作为整流器运行，采用定有功功率和定交流无功 P_d-Q_d 控制，且 P_{d1ref}＝2.0（标幺值），Q_{d1ref}＝0.0（标幺值）；VSC2 作为逆变器运行，采用定直流电压和定无功功率 u_d-Q_d 控制，且 u_{d2ref}＝1.888（标幺值），Q_{d2ref}＝0.0（标幺值）。VSC-HVDC 主电路标幺值参数为 R_c＝0.005（标幺值），X_c＝0.075（标幺值），Z_c＝7.812×10^{-3}（标幺值），Z_1＝1.024×10^{-3}（标幺值），r_d＝0.0756（标幺值）；控制器参数为 T_{mP}

15

$=0.02\mathrm{s}$，$K_{\mathrm{P}}=0.0524$，$T_{\mathrm{P}}=0.115\mathrm{s}$，$T_{\mathrm{mQ}}=0.02\mathrm{s}$，$K_{\mathrm{Q}}=0.03$，$T_{\mathrm{Q}}=0.2\mathrm{s}$，$T_{\mathrm{mu}}=$ $0.005\mathrm{s}$，$K_{\mathrm{u}}=0.4$，$T_{\mathrm{u}}=0.04\mathrm{s}$。稳态运行时，区域 1 向区域 2 输送的有功功率标幺值为 3.92，其中 VSC-HVDC 输送的有功功率标幺值为 2.0，并联交流线路输送的有功功率标幺值为 1.92。各功率正方向如图 1-13 中标注所示。

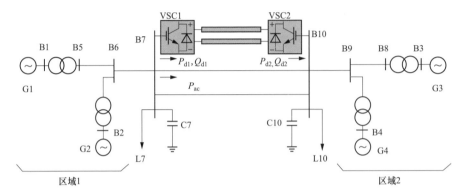

图 1-13 四机两区域 VSC-HVDC 交直流混联输电系统

（1）控制设定值阶跃响应。VSC1 有功功率参考值由 2.0（标幺值）阶跃至 1.5（标幺值），对应混联系统暂态响应，如图 1-14 所示。从图中可以看出，VSC-HVDC 可快速跟踪其有功设定值，实现对潮流的控制。VSC-HVDC 输送功率减少后，区域 1 与区域 2 间的发电机功角将增大，从而通过并联交流输电线路将区域 1 的过剩功率输送至区域 2。

VSC1 无功功率设定值由 0.0（标幺值）阶跃至 -0.5（标幺值），对应混联系统暂态响应，如图 1-15 所示。从图中可以看出，VSC 无功功率输出响应迅速，且两端 VSC 无功功率间无相互影响。此外，随着 VSC1 向交流电网提供无功功率补偿，换流器母线电压将升高。

（2）附加阻尼控制后系统响应。从图 1-14 和图 1-15 可以看出，图 1-13 所示 VSC-HVDC 交直流混联输电系统具有明显的弱阻尼特性。系统受扰后，两区域间的发电机功角以及联络线潮流均出现弱阻尼低频振荡现象。为增加该系统振荡阻尼，可采用如图 1-16 所示的基于幅值、相位补偿原理的附加有功阻尼控制器，通过动态调节 VSC-HVDC 输送的有功功率，达到抑制系统低频振荡的目的。附加有功阻尼控制器输入信号为 VSC-HVDC 并联交流线路的有功功率 P_{ac}，T_{dmp} 为测量环节时间常数，T_{w} 为隔直环节时间常数，T_1、T_2 为移相环节时间常数，K_{VSC} 为放大倍数，$P_{\max}$、$P_{\min}$ 为附加阻尼控制器输出上下限，输出 P_{dmp} 叠加至 VSC 有功功率控制器的有功功率参考值之上。

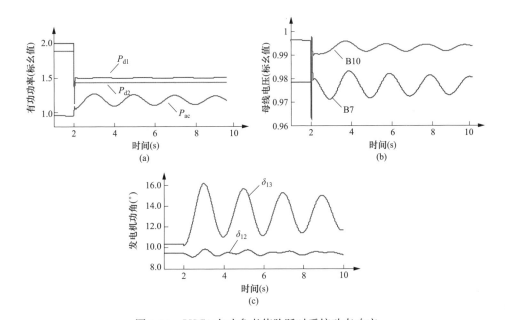

图 1-14　VSC1 有功参考值阶跃时系统动态响应

（a）两端 VSC 和交流线路有功功率；（b）母线 B7 和 B10 电压；（c）发电机功角差

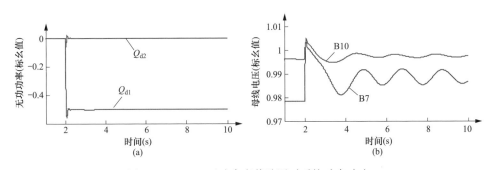

图 1-15　VSC1 无功参考值阶跃时系统动态响应

（a）两端 VSC 无功功率；（b）交流母线 B7、B10 电压

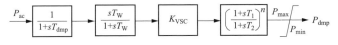

图 1-16　VSC-HVDC 附加有功阻尼控制器

　　附加有功阻尼控制器的参数设置为：$T_{dmp} = 0.005s$，$T_w = 10s$，$K_{VSC} = 1500$，$T_1 = 0.55s$，$T_2 = 0.2s$，$n = 2$，$P_{max} = 0.5$（标幺值），$P_{min} = -0.5$（标幺值）。对应交流线路中点发生三相短路故障，系统的暂态响应如图 1-17 所示。从图中可以看出，VSC-HVDC 有功功率的动态调节能够快速抑制区域间低频振荡，

显著增强了混联系统阻尼。

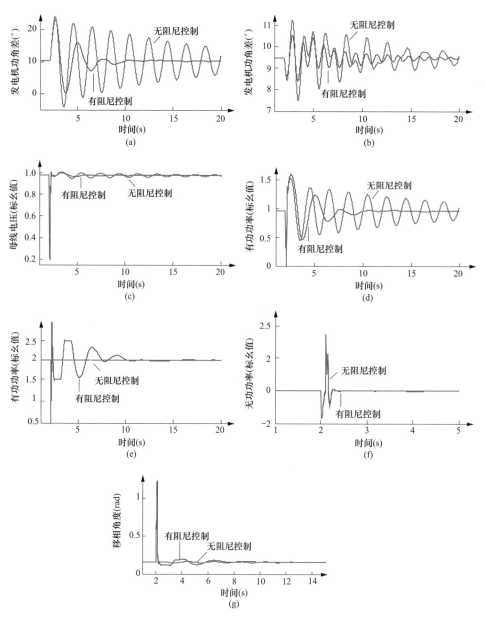

图 1-17 VSC-HVDC 配置附加阻尼控制器后系统动态响应

(a) 发电机 G1 与 G3 之间的功角差;(b) 发电机 G1 与 G2 之间的功角差;(c) 交流母线 B7 电压;

(d) 交流线路有功功率 P_{ac};(e) VSC1 交流侧有功功率 P_{d1};(f) VSC1 交流侧无功功率 Q_{d1};

(g) VSC1 有功功率控制器输出的移相角度

1.2 柔性直流电磁暂态模型及交直流混联系统机电电磁混合仿真

1.2.1 柔性直流电磁暂态建模

1.2.1.1 VSC 交流侧电磁模型

如图 1-18（a）所示，VSC 通过换流变压器与交流母线相连，当忽略换流变压器励磁支路及饱和特性的影响时，其等值模型可由如图 1-18（b）所示 RL 串联电路模拟。图 1-18 中，U_{sa}、U_{sb}、U_{sc} 和 U_{ca}、U_{cb}、U_{cc} 分别为 VSC 交流母线以及出口母线基波三相电压瞬时值；I_{da}、I_{db}、I_{dc} 为 VSC 注入交流母线三相电流瞬时值；R_c、X_c、L_c 分别为换流变压器标幺值电阻、电抗和电感；P_d、Q_d 分别为 VSC 从交流系统中吸收的有功功率和无功功率；P_c 为 VSC 注入其直流侧的有功功率。此外，需要说明的是，为便于与机电暂态程序接口，各物理量均采用标幺值描述。

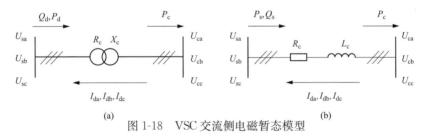

图 1-18 VSC 交流侧电磁暂态模型

（a）VSC 交流侧电路；（b）VSC 交流侧等值模型

对应于 VSC 交流侧等值模型，其动态方程为

$$L_c \frac{dI_{dx}}{dt} = U_{cx} - U_{sx} - R_c I_{dx}$$

$$x = a、b、c$$

$$L_c = X_c / \omega_0 \tag{1-17}$$

式中：ω_0 为系统角频率。应用隐式梯形积分公式，可将式（1-17）差分化为

$$I_{dx}^{(t)} = \frac{1}{1 + \dfrac{\Delta t R_c}{2 L_c}} \left\{ I_{dx}^{(t-\Delta t)} + \frac{\Delta t}{2 L_c} \left[(U_{cx}^{(t)} - U_{sx}^{(t)}) + (U_{cx}^{(t-\Delta t)} - U_{sx}^{(t-\Delta t)} - R_c I_{dx}^{(t-\Delta t)}) \right] \right\}$$

$$\tag{1-18}$$

式中：Δt 为仿真计算时间步长；各物理量上角标"t"和"t-Δt"分别代表相应时刻的量。

1.2.1.2　锁相环电磁暂态模型

VSC-HVDC 控制系统中，控制器输出的角度是以锁相环（PLL）提供的 VSC 交流母线电压相位为基准的移相角度。因此，在详细模拟 VSC-HVDC 动态特性的电磁暂态模型中，应计及 PLL 测量的动态特性。锁相环基本结构如图 1-19 所示，它由三个主要部件组成，即鉴相器（PD）、环路滤波器（LPF）以及压控振荡器（VCO）。鉴相器比较输入信号 U_i 和压控振荡器输出信号 U_o 的相位，产生对应于两个信号相位差的误差电压 U_d；环路滤波器的作用是滤除误差电压 U_d

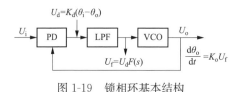

图 1-19　锁相环基本结构

中的高频成分和噪声，以保证环路所要求的性能，增强系统稳定性；压控振荡器受电压 U_f 控制，使压控振荡器的频率逐渐逼近输入信号频率，直至消除频差而锁定。图中，K_d 和 K_o 分别为鉴相灵敏度和压控灵敏度，θ_i 和 θ_o 分别为输入信号 U_i 和压控振荡器输出信号 U_o 的相位，$F(s)$ 为环路滤波器传递函数。

从图 1-19 可以看出，锁相环测量电压相位是一个动态逼近过程。因此，在交流母线电压相位突变的暂态过程中，PLL 输出相位与实际电压相位间将存在角度偏差，即 $\Delta\delta_{PLL}$，如图 1-20 所示。由于控制系统所需的交流母线电压相位由 PLL 提供，因此暂态过程中 VSC 出口电压相位与交流母线电压相位之间的实际差值将为 $\Delta\delta_{PLL}+\delta$。$\Delta\delta_{PLL}$ 的存在，将影响暂态过程中 VSC 与交流系统间交换有功功率的大小。

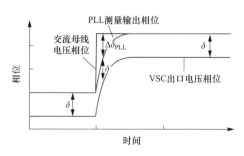

图 1-20　电压相位突变后锁相环的测量动态过程

采用如图 1-21 所示的一阶惯性环节近似模拟锁相环的相位测量动态特性，其对应的差分方程为式（1-19），式中 δ_s 和 δ'_s 分别为 VSC 交流母线电压的实际相位以及 PLL 输出的测量相位，T_{PLL} 为时间常数。

$$\delta_{\mathrm{s}}^{'(t)} = \frac{1}{1 + \dfrac{\Delta t}{2 T_{\mathrm{PLL}}}} \left[\delta_{\mathrm{s}}^{'(t-\Delta t)} + \frac{\Delta t}{2 T_{\mathrm{PLL}}} (\delta_{\mathrm{s}}^{'(t)} + \delta_{\mathrm{s}}^{'(t-\Delta t)} - \delta_{\mathrm{s}}^{'(t-\Delta t)}) \right] \quad (1\text{-}19)$$

此外，直流输电系统以及控制系统的差分方程，分别与式（1-7）和式（1-8）～式（1-11）相同。

$$\delta_{\mathrm{s}} \longrightarrow \boxed{\frac{1}{1+s T_{\mathrm{PLL}}}} \longrightarrow \delta_{\mathrm{s}}'$$

图 1-21　VSC 锁相环的一阶惯性环节等效模型

1.2.2　柔性直流机电电磁混合仿真接口方法

电力系统电磁暂态仿真的目的，是分析和计算故障或操作后，系统各元件中电场和磁场以及相应电压和电流的变化过程。由于这类电力系统现象变化快，持续时间短，急剧变化过程中振荡频率往往高达几千赫兹。因此，在电磁暂态仿真中通常采用 abc 三相时域瞬时值进行计算。电力系统机电暂态仿真主要用于分析电力系统的稳定性，即用来分析当电力系统在某一正常运行状态下受到扰动后，能否经过一定时间，回到原来的运行状态或过渡到一个新稳定运行状态的问题。对于这类电力系统现象，由于系统频率变化不大，因此采用基波相量理论仿真计算，将网络中支路电流和电压等变量变换成复数相量，网络各支路以它们的基波复阻抗或复导纳描述，即在仿真计算中电力网络采用准稳态模型。

综上所述，电磁暂态仿真中仿真变量采用 abc 三相坐标系下的瞬时值描述，而机电暂态仿真中仿真变量采用 xy 同步旋转坐标系下的基波相量描述。因此，为实现 VSC-HVDC 电磁暂态与交流系统机电暂态的混合仿真计算，需要进行相关变量的接口转换，其原理如图 1-22 所示。图中，机电暂态仿真所求得的 VSC 交流母线电压相量转换为 abc 三相电压瞬时值，供给 VSC-HVDC 电磁暂态仿真计算；VSC-HVDC 电磁暂态仿真计算所求得的注入 VSC 交流母线的三相电流瞬时值，转换为 xy 坐标系中的电流相量，供给交流系统机电暂态计算。

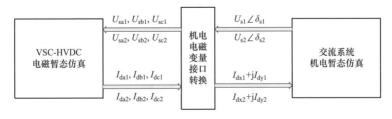

图 1-22　VSC-HVDC 交直流机电电磁混合仿真接口原理

三相 abc 坐标系与同步旋转 xy 坐标系间的关系如图 1-23 所示。图中，$\dot{U}_{\mathrm{s}}$、$\dot{U}_{\mathrm{c}}$、$\dot{I}_{\mathrm{d}}$ 分别代表 VSC 交流母线电压、出口电压以及注入交流母线电流的基频分量，δ 为 $\dot{U}_c$ 滞后 $\dot{U}_s$ 的角度。以 $\dot{U}_s$ 为例，abc 三相坐标系中三相瞬时值与 xy 同步旋转坐标系中 x、y 分量间相互变换关系为

$$\begin{bmatrix} U_{sa} \\ U_{sb} \\ U_{sc} \end{bmatrix} = \begin{bmatrix} \cos\omega_0 t & -\sin\omega_0 t \\ \cos(\omega_0 t - 2\pi/3) & -\sin(\omega_0 t - 2\pi/3) \\ \cos(\omega_0 t + 2\pi/3) & -\sin(\omega_0 t + 2\pi/3) \end{bmatrix} \begin{bmatrix} U_s\cos\delta_s \\ U_s\sin\delta_s \end{bmatrix} = \boldsymbol{P}(\omega_0 t) \begin{bmatrix} U_{sx} \\ U_{sy} \end{bmatrix}$$

(1-20)

$$\begin{bmatrix} U_{sx} \\ U_{sy} \end{bmatrix} = \frac{2}{3} \begin{bmatrix} \cos\omega t & \cos(\omega t - 2\pi/3) & \cos(\omega t + 2\pi/3) \\ -\sin\omega t & -\sin(\omega t - 2\pi/3) & -\sin(\omega t + 2\pi/3) \end{bmatrix}$$

$$\begin{bmatrix} U_{sa} \\ U_{sb} \\ U_{sc} \end{bmatrix} = \boldsymbol{Q}(\omega_0 t) \begin{bmatrix} U_{sa} \\ U_{sb} \\ U_{sc} \end{bmatrix}$$

(1-21)

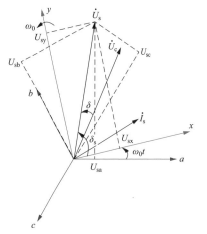

图 1-23 abc 坐标系与 xy 坐标系间的关系

如图 1-23 所示，由 $\dot{U}_c$ 与 $\dot{U}_s$ 的相对位置关系可得 $\dot{U}_c$ 的 x、y 分量为

$$\begin{cases} U_{cx} = U_c\cos(\delta_s - \delta) \\ U_{cy} = U_c\sin(\delta_s - \delta) \end{cases}$$

(1-22)

其中，U_c 为 VSC 出口电压的幅值，其大小由直流电压、脉宽调制（PWM）比以及与 VSC 调制方式相关的直流电压利用率 μ 共同决定，即

$$U_c = \frac{\mu M}{\sqrt{2}} u_d$$

(1-23)

需要注意的是，由于 PWM 控制中 VSC 交流母线电压相位由锁相环提供，因此须将式（1-22）中的 δ_s 替换为 PLL 的输出角度 δ_s'。进一步变换公式（1-22）可得

$$\begin{bmatrix} U_{cx} \\ U_{cy} \end{bmatrix} = \frac{U_c}{U_s} \begin{bmatrix} \cos\delta & \sin\delta \\ -\sin\delta & \cos\delta \end{bmatrix} \begin{bmatrix} U_{sx}' \\ U_{sy}' \end{bmatrix}$$

(1-24)

其中

$$U_{sx}' = U_s\cos\delta_s'$$
$$U_{sy}' = U_s\sin\delta_s'$$

将矩阵 $\boldsymbol{P}(\omega_0 t)$ 乘以式（1-24）的两边，则可得 VSC 出口电压的三相瞬时值，即

$$\begin{bmatrix} U_{ca} \\ U_{cb} \\ U_{cc} \end{bmatrix} = \frac{U_c}{U_s} \begin{bmatrix} \cos(\omega_0 t - \delta) & -\sin(\omega_0 t - \delta) \\ \cos(\omega_0 t - \delta - 2\pi/3) & -\sin(\omega_0 t - \delta - 2\pi/3) \\ \cos(\omega_0 t - \delta + 2\pi/3) & -\sin(\omega_0 t - \delta + 2\pi/3) \end{bmatrix} \begin{bmatrix} U'_{sx} \\ U'_{sy} \end{bmatrix} \quad (1\text{-}25)$$

从上述三相 abc 坐标系与同步旋转 xy 坐标系间的变换关系可以看出，这里采用的是"等量"坐标变换，即 abc 坐标系中的矢量与 xy 坐标系中的矢量相等的坐标变换。因此，在三相 abc 坐标系中，VSC 与交流系统间交换的有功功率 P_d、无功功率 Q_d 以及注入 VSC 直流侧的有功功率 P_c 的计算公式分别为

$$\begin{cases} P_d = -\dfrac{2}{3}(U_{sa}I_{sa} + U_{sb}I_{sb} + U_{sc}I_{sc}) \\[2mm] Q_d = -\dfrac{2}{3\sqrt{3}}\big[(U_{sa} - U_{sb})I_{sc} + (U_{sb} - U_{sc})I_{sa} + (U_{sc} - U_{sa})I_{sb}\big] \\[2mm] P_c = -\dfrac{2}{3}(U_{ca}I_{sa} + U_{cb}I_{sb} + U_{cc}I_{sc}) \end{cases} \quad (1\text{-}26)$$

1.2.3 柔性直流机电电磁混合仿真算法

综上所述，VSC-HVDC 电磁暂态数值仿真模型包括与式（1-18）对应的 VSC 交流侧模型、与式（1-7）对应的直流输电系统模型、与式（1-8）～式（1-11）对应的 VSC-HVDC 控制系统模型、VSC 出口电压求取的代数方程式（1-23）和式（1-25）以及有功功率和无功功率计算的代数方程式（1-26）。

为讨论方便，将 VSC-HVDC 电磁暂态仿真模型简记为

$$\begin{cases} \boldsymbol{X}_s^{(t)} = \boldsymbol{F}_s(\boldsymbol{X}_s^{(t-\Delta t)}, \boldsymbol{U}_s^{(t)}, \boldsymbol{U}_s^{(t-\Delta t)}, \boldsymbol{U}_c^{(t)}, \boldsymbol{U}_c^{(t-\Delta t)}) \\ \boldsymbol{X}_d^{(t)} = \boldsymbol{F}_d(\boldsymbol{X}_d^{(t)}, \boldsymbol{X}_d^{(t-\Delta t)}, \boldsymbol{PQ}^{(t)}, \boldsymbol{PQ}^{(t-\Delta t)}) \\ \boldsymbol{X}_c^{(t)} = \boldsymbol{F}_c(\boldsymbol{X}_c^{(t)}, \boldsymbol{X}_c^{(t-\Delta t)}, \boldsymbol{X}_d^{(t)}, \boldsymbol{X}_d^{(t-\Delta t)}, \boldsymbol{PQ}^{(t)}, \boldsymbol{PQ}^{(t-\Delta t)}, \boldsymbol{U}_s^{(t)}, \boldsymbol{U}_s^{(t-\Delta t)}) \quad (1\text{-}27) \\ \boldsymbol{U}_c^{(t)} = \boldsymbol{F}_u(\boldsymbol{X}_c^{(t)}, \boldsymbol{X}_d^{(t)}, \boldsymbol{U}_s^{(t)}, \boldsymbol{\delta}_s'^{(t)}) \\ \boldsymbol{PQ}^{(t)} = \boldsymbol{F}_{PQ}(\boldsymbol{U}_s^{(t)}, \boldsymbol{U}_c^{(t)}, \boldsymbol{X}_s^{(t)}) \end{cases}$$

式中：$\boldsymbol{X}_s^{(t)}$、$\boldsymbol{X}_d^{(t)}$、$\boldsymbol{X}_c^{(t)}$ 分别为 VSC 交流侧状态变量 $[I_{da}^{(t)}, I_{db}^{(t)}, I_{dc}^{(t)}]$、直流系统状态变量 $[u_{d1}^{(t)}, u_{d2}^{(t)}, i_d^{(t)}]$ 以及控制系统状态变量 $[x_{1\sim4}^{(t)}, \delta^{(t)}, M^{(t)}]$。从式（1-27）可以看出，这些等式为右侧含有待求变量的隐式形式，因此应采用迭代求解法。

基于 PSASP/UPI 的 VSC-HVDC/AC 交直流机电电磁混合仿真算法如图 1-24 所示。图中，计算标志位 MARK 的取值与意义如 1.1.3.2 小节所述。

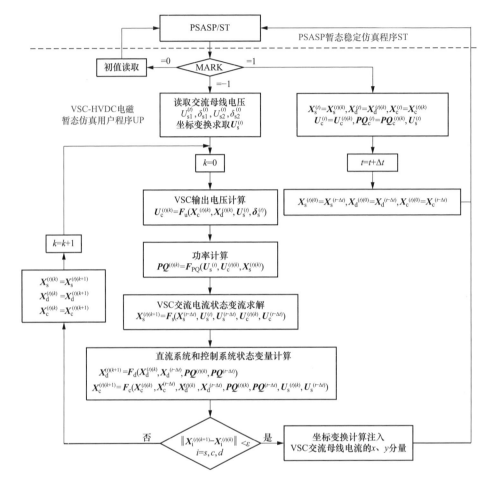

图 1-24 基于 PSASP 用户自定义程序接口的 VSC-HVDC 机电电磁混合仿真算法

1.2.4 仿真算例及仿真精度评价

1.2.4.1 仿真算例

为验证 VSC-HVDC 电磁暂态模型的正确性，以及交直流机电电磁混合仿真算法的有效性，利用电磁暂态仿真软件 PSCAD/EMTDC 搭建了如图 1-25 所示的交直流并联输电系统，并利用 PSASP/UPI 开发了 VSC-HVDC 电磁暂态计算程序。图中，VSC1 采用定有功功率 [$P_{\text{d1ref}}=0.45$（标幺值）]、定无功功率 [$Q_{\text{d1ref}}=-0.075$（标幺值）] 控制，控制器参数为 $T_{\text{mP}}=0.02\text{s}$、$K_{\text{P}}=0.0524$、$T_{\text{P}}=0.115\text{s}$、$T_{\text{mQ}}=0.02\text{s}$、$K_{\text{Q}}=0.03$、$T_{\text{Q}}=0.2\text{s}$；VSC2 采用定直流电压 [$u_{\text{d2ref}}=1.888$（标幺值）]、定无功功率控制 [$Q_{\text{d2ref}}=-0.075$（标幺值）]，控制器参数为

$T_{mu}=0.005s$、$K_u=0.5$、$T_u=0.04s$、$T_{mQ}=0.02s$、$K_Q=0.03$、$T_Q=0.2s$。在系统基准容量 100MVA 下，VSC-HVDC 中换流变压器电阻 R_c 以及漏抗 X_c 的标幺值分别为 0.01、0.3；VSC 直流侧变量 Z_c、r_d 和 Z_l 的标幺值分别为 7.813×10^{-3}、0.274、1.024×10^{-3}。交流系统中发电机采用详细的 E_q'、E_d'、E_q''、E_d'' 变化模型，其标幺值参数为 $x_d=1.79$、$x_d'=0.169$、$x_d''=0.135$、$x_q=1.71$、$x_q'=0.228$、$x_q''=0.2$；$T_J=7.451s$、$T_{d0}'=8.3s$、$T_{d0}''=0.032s$、$T_{q0}'=0.85s$、$T_{q0}''=0.05s$。交流输电系统的标幺值参数为 $X_T=0.14$、$R_{ac}=0.019$、$X_{ac}=0.5$、$X_s=0.06$。此外，需要说明的是，在利用 PSASP/UPI 进行的混合仿真中，VSC 的滤波器视为交流网络部件，且只计及滤波电容 C_f 所对应的基波容抗 0.05（标幺值）。

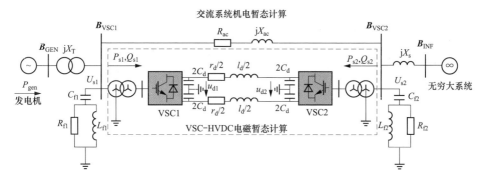

图 1-25　VSC-HVDC 交直流机电电磁混合仿真算例系统

1. 2. 4. 2　VSC-HVDC 电磁暂态仿真模型验证

在进行交直流机电电磁混合仿真计算之前，应首先验证 VSC-HVDC 输电系统电磁暂态模型以及数值计算算法的正确性。为此，将图 1-25 中 VSC-HVDC 主电路的两端 VSC 交流母线分别连接相互独立的理想电压源，并比较不同扰动下 PSCAD/EMTDC 与 UP 程序计算得到的 VSC-HVDC 系统暂态响应，其中 PSCAD/EMTDC 仿真计算步长取为 $10\mu s$，UP 程序计算步长取为 $50\mu s$。图 1-26

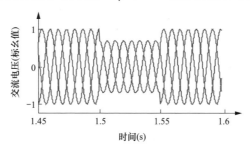

图 1-26　VSC1 交流母线电压幅值突变

为 VSC1 交流母线电压，其幅值在 1.5s 由 1.0（标幺值）降至 0.7（标幺值），并在 1.55s 恢复至 1.0（标幺值）。对应该扰动，VSC-HVDC 输电系统的暂态响应如图 1-27 所示。从 PSCAD/EMTDC 与 UP 程序的仿真计算结果可以看出，两者暂态响应曲线一致。

另外，从仿真计算结果还可以看出，该扰动下 VSC1 注入交流母线的电流以及无功功率将增大，而有功功率则减小。VSC1 输入直流系统有功功率的减小将导致直流电压降低，为此 VSC2 将减少其输出至交流系统的有功功率以维持直流电压为设定值；此外，直流电压的降低将导致 VSC2 出口电压幅值减小，从而使

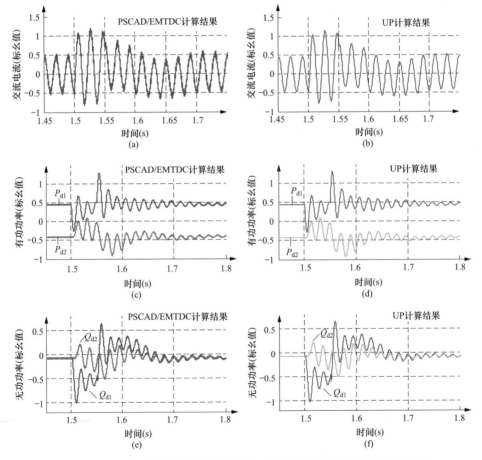

图 1-27 VSC1 交流母线电压幅值突变时 VSC-HVDC 系统的暂态响应（一）
（a）VSC1 交流 a 相电流（PSCAD/EMTDC）；（b）VSC1 交流 a 相电流（UP）；（c）VSC1 和 VSC2 交流侧有功功率（PSCAD/EMTDC）；（d）VSC1 和 VSC2 交流侧有功功率（UP）；（e）VSC1 和 VSC2 交流侧无功功率（PSCAD/EMTDC）；（f）VSC1 和 VSC2 交流侧无功功率（UP）

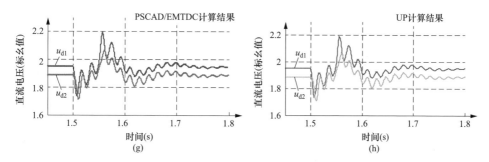

图 1-27　VSC1 交流母线电压幅值突变时 VSC-HVDC 系统的暂态响应（二）

（g）VSC1 和 VSC2 直流电压（PSCAD/EMTDC）；（h）VSC1 和 VSC2 直流电压（UP）

得 VSC2 的无功功率由向其交流母线输出变为从交流母线吸收。

图 1-27 所示的 VSC1 交流母线电压，其相位在 1.5s 时突减 π/6。对应该扰动，VSC-HVDC 输电系统的暂态响应如图 1-28 所示。从 PSCAD/EMTDC 与 UP 程序的仿真计算结果可以看出，两者暂态响应曲线基本一致。其中的微小差异，仅来自两个程序模拟锁相环动态测量过程所采用的模型不同。

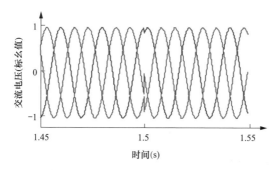

图 1-28　VSC1 交流母线电压相位突变

另外，从仿真计算结果还可以看出，由于 VSC1 交流母线电压相位突减，因此在该扰动瞬间，VSC1 出口电压相对其交流母线电压的相位，将由滞后突变为超前，对应 VSC1 与其交流母线交换的有功功率，由从交流母线吸收变为向交流母线注入，由于 VSC2 功率调节存在控制系统以及主电路动态响应时延，受此影响，直流电容将放电释能，直流电压则骤减。此后，通过 VSC1 定有功功率控制器调节其输出电压相位以及 VSC2 定直流电压控制，共同实现在新条件下的功率平衡。扰动期间，由于直流电压大幅波动，两端 VSC 与交流母线交换的无功功率，亦会出现大幅变化。VSC1 交流母线电压突变时 VSC-HVDC 系统的暂态响应如图 1-29 所示。

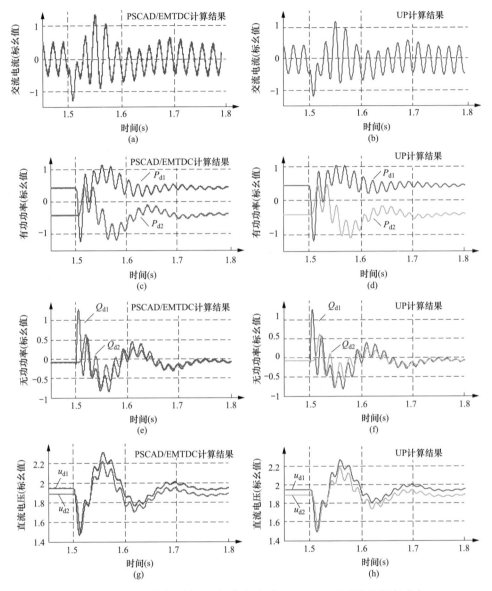

图 1-29　VSC1 交流母线电压相位突变时 VSC-HVDC 系统的暂态响应

（a）VSC1 交流 a 相电流（PSCAD/EMTDC）；（b）VSC1 交流 a 相电流（UP）；

（c）VSC1 和 VSC2 交流侧有功功率（PSCAD/EMTDC）；（d）VSC1 和 VSC2 交流侧有功功率（UP）；

（e）VSC1 和 VSC2 交流侧无功功率（PSCAD/EMTDC）；（f）VSC1 和 VSC2 交流侧无功功率（UP）；

（g）VSC1 和 VSC2 直流电压（PSCAD/EMTDC）；（h）VSC1 和 VSC2 直流电压（UP）

VSC 交流母线电压幅值及相位突变扰动下，VSC-HVDC 输电系统暂态响应

的 PSCAD/EMTDC 和 UP 程序的计算结果对比，验证了 VSC-HVDC 电磁暂态
模型及其仿真算法的正确性。

1.2.4.3 VSC-HVDC 交直流机电电磁混合仿真

如图 1-4 和图 1-25 所示，利用 PSASP/UPI 分别实现了 VSC-HVDC 交直流
混联系统机电暂态仿真和机电电磁混合仿真。以下将对比分析两种仿真与
PSCAD/EMTDC 详细电路仿真计算结果的一致性。对应图 1-25 所示交直流混联
系统，1.5s 时交流线路中点发生三相非金属性短路，故障接地电阻为 0.01（标
幺值），故障持续时间为 0.06s。对应该扰动，VSC-HVDC 系统变量以及交流系
统变量的暂态响应曲线分别如图 1-30 和图 1-31 所示。

从图 1-30 可以看出，混合仿真中由于交流网络采用准稳态模型，即不计及
交流网络的电磁暂态过程，因此在系统受扰期间，与 PSCAD/EMTDC 中 VSC
交流母线电压剧烈振荡不同，混合仿真中 VSC 交流电压三相瞬时值过渡平稳，
对应 VSC 注入交流系统的电流以及与交流系统交换的功率也呈光滑曲线。VSC
交流侧采用电磁暂态模型时，其数值计算结果可以体现系统受扰后 VSC-HVDC

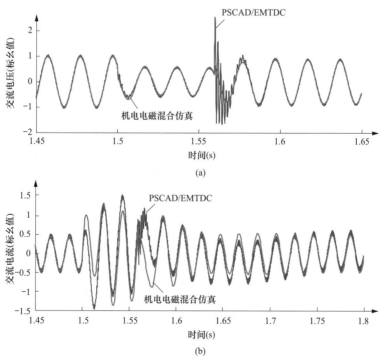

图 1-30 VSC-HVDC 系统暂态响应（一）

(a) 交流母线 B_{VSC1} 的 a 相电压；(b) VSC1 交流侧 a 相电流

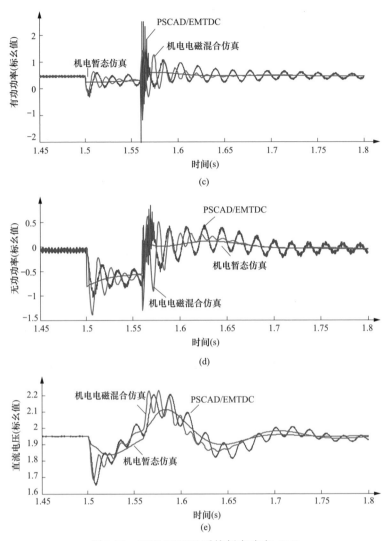

图 1-30　VSC-HVDC 系统暂态响应（二）

（c）VSC1 交流侧有功功率；（d）VSC1 交流侧无功功率；（e）VSC1 直流电压

交流侧和直流侧变量的振荡变化规律；VSC 交流侧采用准稳态模型时，其数值计算结果体现的是受扰后 VSC-HVDC 变量振荡变化的平均值。

从图 1-31 所示交流系统受扰曲线还可以看出，与 VSC 交流侧采用准稳态模型相比，VSC 交流侧采用电磁暂态模型时，系统受扰以及扰动清除时发电机功率以及 VSC 交流母线电压将出现短时振荡。由于发电机具有相对较大的惯性时间常数，其功率短时振荡对功角振荡无明显影响。因此，从分析系统受扰后的机电振荡，即系统暂态稳定性分析的角度而言，VSC 交流侧采用电磁暂态模型与采用稳态模型，两者基本具有相同的仿真精度。

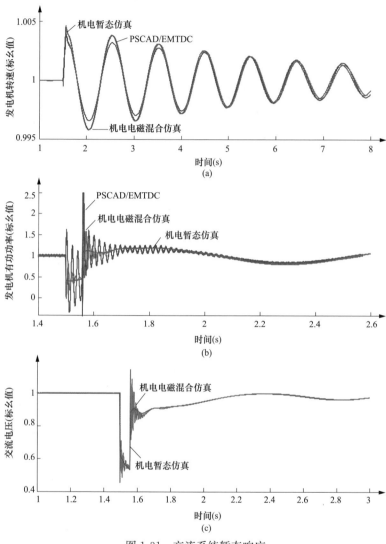

图 1-31　交流系统暂态响应

（a）发电机角速度；（b）发电机输出电磁功率；（c）交流母线 B_{VSC1} 电压

1.3　$dq0$ 坐标系下柔性直流暂态模型及解耦控制

1.3.1　$dq0$ 坐标系下电压源换流器模型

三相静止 abc 坐标系下 VSC 交流侧模型可表示为

$$\begin{cases} L_{\mathrm{c}}\dfrac{\mathrm{d}I_{\mathrm{da}}}{\mathrm{d}t}=-R_{\mathrm{c}}I_{\mathrm{da}}+(U_{\mathrm{ca}}-U_{\mathrm{sa}}) \\[2mm] L_{\mathrm{c}}\dfrac{\mathrm{d}I_{\mathrm{db}}}{\mathrm{d}t}=-R_{\mathrm{c}}I_{\mathrm{db}}+(U_{\mathrm{cb}}-U_{\mathrm{sb}}) \\[2mm] L_{\mathrm{c}}\dfrac{\mathrm{d}I_{\mathrm{dc}}}{\mathrm{d}t}=-R_{\mathrm{c}}I_{\mathrm{dc}}+(U_{\mathrm{cc}}-U_{\mathrm{sc}}) \end{cases} \tag{1-28}$$

将式（1-28）写成矩阵的形式为

$$L_{\mathrm{c}}\frac{\mathrm{d}\boldsymbol{I}_{\mathrm{dabc}}}{\mathrm{d}t}=-R_{\mathrm{c}}\boldsymbol{I}_{\mathrm{dabc}}+(\boldsymbol{U}_{\mathrm{cabc}}-\boldsymbol{U}_{\mathrm{sabc}}) \tag{1-29}$$

其中 $\boldsymbol{I}_{\mathrm{dabc}}=\begin{bmatrix}I_{\mathrm{da}}, & I_{\mathrm{db}}, & I_{\mathrm{dc}}\end{bmatrix}^{\mathrm{T}}$

$\qquad \boldsymbol{U}_{\mathrm{cabc}}=\begin{bmatrix}U_{\mathrm{ca}}, & U_{\mathrm{cb}}, & U_{\mathrm{cc}}\end{bmatrix}^{\mathrm{T}}$

$\qquad \boldsymbol{U}_{\mathrm{sabc}}=\begin{bmatrix}U_{\mathrm{sa}}, & U_{\mathrm{sb}}, & U_{\mathrm{sc}}\end{bmatrix}^{\mathrm{T}}$。

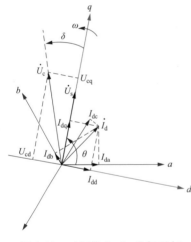

图 1-32　三相静止 abc 坐标系与
同步旋转 $dq0$ 坐标系之间的关系

式（1-28）或式（1-29）所描述的 VSC 交流侧在三相静止 abc 坐标系下的暂态模型，具有物理意义清晰、直观的特点。但是，该模型中 VSC 各物理量均为时变交流量，因此不利于控制系统设计。为此，可通过 Park 变换，将时变交流量转换至与电网基波频率同步旋转的 $dq0$ 坐标系中。转换后各时变量将成为 $dq0$ 坐标系中的直流量，从而有利于控制系统设计。以电网电压基波相量定位 q 轴，且 d 轴落后 q 轴 $90°$，三相静止 abc 坐标系与同步旋转 $dq0$ 坐标系之间的关系如图 1-32 所示。

abc 坐标系中物理量转换至 $dq0$ 坐标系的 Park 变换矩阵 $\boldsymbol{P}$ 及其逆矩阵 $\boldsymbol{P}^{-1}$ 分别为

$$\boldsymbol{P}=\frac{2}{3}\begin{bmatrix} \cos\theta & \cos(\theta-2\pi/3) & \cos(\theta+2\pi/3) \\ \sin\theta & \sin(\theta-2\pi/3) & \sin(\theta+2\pi/3) \\ 1/2 & 1/2 & 1/2 \end{bmatrix} \tag{1-30}$$

$$\boldsymbol{P}^{-1}=\begin{bmatrix} \cos\theta & \sin\theta & 1 \\ \cos(\theta-2\pi/3) & \sin(\theta-2\pi/3) & 1 \\ \cos(\theta+2\pi/3) & \sin(\theta+2\pi/3) & 1 \end{bmatrix} \tag{1-31}$$

利用式（1-30）和式（1-31），将式（1-28）转换至 $dq0$ 坐标系，可得

$$\frac{\mathrm{d}\boldsymbol{I}_{\mathrm{ddq}0}}{\mathrm{d}t} = -\frac{R_{\mathrm{c}}}{L_{\mathrm{c}}}\boldsymbol{I}_{\mathrm{ddq}0} + \frac{1}{L_{\mathrm{c}}}(\boldsymbol{U}_{\mathrm{cdq}0} - \boldsymbol{U}_{\mathrm{sdq}0}) - \boldsymbol{P}\frac{\mathrm{d}\boldsymbol{P}^{-1}}{\mathrm{d}t}\boldsymbol{I}_{\mathrm{ddq}0} \tag{1-32}$$

由于电网三相对称，因此系统中无零序分量。将微分算子记为 s 时，则上式可进一步写成

$$\begin{bmatrix} U_{\mathrm{cd}} \\ U_{\mathrm{cq}} \end{bmatrix} - \begin{bmatrix} U_{\mathrm{sd}} \\ U_{\mathrm{sq}} \end{bmatrix} = \begin{bmatrix} L_{\mathrm{c}}s + R_{\mathrm{c}} & -\omega L_{\mathrm{c}} \\ \omega L_{\mathrm{c}} & L_{\mathrm{c}}s + R_{\mathrm{c}} \end{bmatrix} \begin{bmatrix} I_{\mathrm{dd}} \\ I_{\mathrm{dq}} \end{bmatrix} \tag{1-33}$$

或

$$s\begin{bmatrix} I_{\mathrm{dd}} \\ I_{\mathrm{dq}} \end{bmatrix} = \frac{1}{L_{\mathrm{c}}}\begin{bmatrix} -R_{\mathrm{c}} & \omega L_{\mathrm{c}} \\ -\omega L_{\mathrm{c}} & -R_{\mathrm{c}} \end{bmatrix}\begin{bmatrix} I_{\mathrm{dd}} \\ I_{\mathrm{dq}} \end{bmatrix} + \frac{1}{L_{\mathrm{c}}}\begin{bmatrix} U_{\mathrm{cd}} \\ U_{\mathrm{cq}} \end{bmatrix} - \frac{1}{L_{\mathrm{c}}}\begin{bmatrix} U_{\mathrm{sd}} \\ U_{\mathrm{sq}} \end{bmatrix} \tag{1-34}$$

此外，根据瞬时无功功率理论，三相 abc 坐标系下 VSC 与交流系统交换的有功功率 P_{d} 和无功功率 Q_{d} 分别为

$$\begin{cases} P_{\mathrm{d}} = -(U_{\mathrm{sa}}I_{\mathrm{da}} + U_{\mathrm{sb}}I_{\mathrm{db}} + U_{\mathrm{sc}}I_{\mathrm{dc}}) \\ Q_{\mathrm{d}} = -[(U_{\mathrm{sa}} - U_{\mathrm{sb}})I_{\mathrm{dc}} + (U_{\mathrm{sb}} - U_{\mathrm{sc}})I_{\mathrm{da}} + (U_{\mathrm{sc}} - U_{\mathrm{sa}})I_{\mathrm{db}}]/\sqrt{3} \end{cases} \tag{1-35}$$

当 q 轴以电网电压相量定位时，即 $U_{\mathrm{sd}} = 0$，则对应 $dq0$ 坐标系下 P_{d} 和 Q_{d} 分别为

$$\begin{cases} P_{\mathrm{d}} = \dfrac{3}{2}(U_{\mathrm{sq}}I_{\mathrm{dq}} + U_{\mathrm{sd}}I_{\mathrm{dd}}) = \dfrac{3}{2}U_{\mathrm{sq}}I_{\mathrm{dq}} \\ Q_{\mathrm{d}} = \dfrac{3}{2}(U_{\mathrm{sq}}I_{\mathrm{dd}} - U_{\mathrm{sd}}I_{\mathrm{dq}}) = \dfrac{3}{2}U_{\mathrm{sq}}I_{\mathrm{dd}} \end{cases} \tag{1-36}$$

从式中可以看出，对有功功率和无功功率的控制，可分别通过对 I_{dq} 和 I_{dd} 的控制来实现。

与式（1-36）相对应的 VSC 暂态模型方框图如图 1-33 所示，从图中可以看出，通过 PWM 控制量 M 和 δ，调节 VSC 输出电压 U_{cd}、U_{cq}，即可实现对 VSC 交流电流 I_{dd}、I_{dq} 的控制，并由式（1-36）最终实现对功率 P_{d} 和 Q_{d} 的控制。从图中还可以看出，d 轴和 q 轴电流之间存在相互耦合，因此，在动态调节过程中 d 轴和 q 轴变量将相互作用，给控制性能带来不利影响。

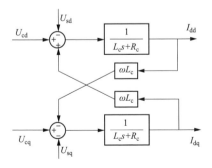

图 1-33 电压源换流器模型

综上所述，VSC 交流电流的 d、q 轴分量存在耦合。为了提高 VSC 动态调节性能，应当为其设计解耦控制器以实现 d 轴和 q 轴电流独立解耦调节。

1.3.2 前馈补偿解耦控制器

1.3.2.1 前馈补偿解耦控制的基本原理

解耦控制的本质在于设置一个计算网络,用它去抵消被控装置中各变量之间的耦合关联,以保证各个单回路控制系统能独立地工作。前馈补偿解耦控制的原理如图 1-34 所示。

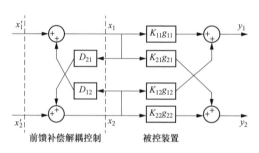

图 1-34 前馈补偿解耦控制原理

图中,被控装置的输入量(x_1,x_2)与输出量(y_1,y_2)之间的关系为

$$\begin{bmatrix} y_1 \\ y_2 \end{bmatrix} = \begin{bmatrix} K_{11}g_{11} & K_{12}g_{12} \\ K_{21}g_{21} & K_{22}g_{22} \end{bmatrix} \begin{bmatrix} x_1 \\ x_2 \end{bmatrix} = \boldsymbol{T} \begin{bmatrix} x_1 \\ x_2 \end{bmatrix} \tag{1-37}$$

从上式中可以看出,由于传递矩阵 $\boldsymbol{T}$ 的非对角元素不为 0,两个传输回路 $x_1 \rightarrow y_1$ 与 $x_2 \rightarrow y_2$ 之间将存在相互耦合。为了实现两个传输回路的解耦,可通过前馈解耦控制器引入新的输入变量(x_1',x_2')。如图 1-34 所示,可导出新输入量与输出量之间的关系为

$$\begin{bmatrix} y_1 \\ y_2 \end{bmatrix} = \begin{bmatrix} K_{11}g_{11} + D_{21}K_{12}g_{12} & K_{12}g_{12} + D_{12}K_{11}g_{11} \\ K_{21}g_{21} + D_{21}K_{22}g_{22} & K_{22}g_{22} + D_{12}K_{21}g_{21} \end{bmatrix} \begin{bmatrix} x_1' \\ x_2' \end{bmatrix} = \boldsymbol{T}' \begin{bmatrix} x_1' \\ x_2' \end{bmatrix}$$

$$\tag{1-38}$$

当前馈补偿解耦控制器参数 D_{12}、D_{21} 满足式(1-39)时,传输矩阵 $\boldsymbol{T}'$ 的非对角线元素将为零,即新的输入输出传输回路 $x_1' \rightarrow y_1$ 与 $x_2' \rightarrow y_2$ 之间的耦合关系已被消除。

$$\begin{cases} D_{12} = -\dfrac{K_{12}g_{12}}{K_{11}g_{11}} \\[3mm] D_{22} = -\dfrac{K_{21}g_{21}}{K_{22}g_{22}} \end{cases} \tag{1-39}$$

1.3.2.2 VSC 前馈补偿解耦控制

如前所述，VSC 的 d、q 轴电流相互耦合，为提高其动态调节性能，可采用前馈补偿解耦控制，以实现 d、q 轴两个传输回路的独立控制。当 VSC 电流调节器采用 PI 型调节器时，将 VSC 输出电压的 d、q 轴分量控制方程分别取为

$$\begin{cases} U_{cd^*} = -\left(K_I + \dfrac{1}{T_I s}\right)(I_{ddref} - I_{dd}) - \omega L_c I_{dq} + U_{sd} \\ U_{cq^*} = -\left(K_I + \dfrac{1}{T_I s}\right)(I_{dqref} - I_{dq}) + \omega L_c I_{dd} + U_{sq} \end{cases} \tag{1-40}$$

式中：U_{cd^*}、U_{cq^*} 分别为 VSC 输出 d、q 轴电压分量的期望值；K_I、T_I 分别为电流 PI 调节器的比例系数和积分时间常数；I_{ddref}、I_{dqref} 分别为 VSC 的 d、q 轴电流参考设定值。将式（1-40）所示 U_{cd^*}、U_{cq^*} 取代式（1-34）中的 U_{cd} 和 U_{cq}，可得

$$s\begin{bmatrix} I_{dd} \\ I_{dq} \end{bmatrix} = \frac{1}{L_c}\begin{bmatrix} -\left[R_c - \left(K_I + \dfrac{1}{T_I s}\right)\right]/L_c & 0 \\ 0 & -\left[R_c - \left(K_I + \dfrac{1}{T_I s}\right)\right]/L_c \end{bmatrix}\begin{bmatrix} I_{dd} \\ I_{dq} \end{bmatrix} -$$

$$\frac{1}{L_c}\left(K_I + \frac{1}{T_I s}\right)\begin{bmatrix} I_{ddref} \\ I_{dqref} \end{bmatrix} \tag{1-41}$$

式（1-41）表明，在控制方程（1-40）下，新的输入 I_{ddref}、I_{dqref} 与输出 I_{dd}、I_{dq} 之间的回路 $I_{ddref} \rightarrow I_{dd}$、$I_{dqref} \rightarrow I_{dq}$ 实现了解耦。因此，式（1-40）即为 VSC 前馈补偿解耦控制器，其结构如图 1-35 所示。

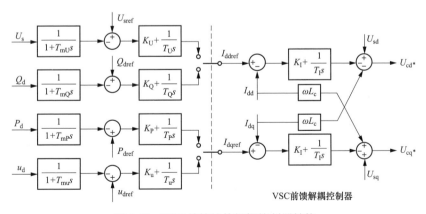

图 1-35　VSC 前馈补偿解耦控制器结构

另外，由式（1-36）可知，有功功率、直流电压以及无功功率、交流母线电

压的控制可以通过 I_{dq} 和 I_{dd} 实现。当采用 PI 调节器时，其调节器输出即可作为 VSC 的 q、d 轴电流参考设定值 I_{dqref} 和 I_{ddref}。

VSC 输出电压 d、q 轴分量 U_{cd}、U_{cq} 的调节，是通过正弦波脉宽调制比以及移相角度来实现，为此，需要由式（1-42）计算 U_{cd*}、U_{cq*} 所对应的 M 和 δ，即

$$\begin{cases} M = \dfrac{2\sqrt{(U_{cd*})^2 + (U_{cq*})^2}}{nu_d} \\[4mm] \delta = \arctan\left(\dfrac{U_{cd*}}{U_{cq*}}\right) \end{cases} \tag{1-42}$$

式中：n 为换流变压器变比。

1.3.2.3　VSC 正弦波脉宽调制的实现

由有功功率、无功功率、交流母线电压、直流电压控制器以及 VSC 前馈解耦控制器生成的 VSC 输出电压 d、q 轴分量期望值 U_{cd*}、U_{cq*}，最终将通过 VSC 正弦波脉宽调制（SPWM）产生的可控器件开断脉冲信号来实现。正弦波脉宽调制的基本原理如图 1-36 所示。

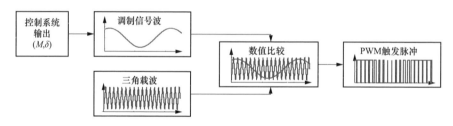

图 1-36　正弦波脉宽调制 SPWM 的原理

图 1-36 中，VSC 期望输出的波形作为调制信号波，并采用等腰三角波作为载波。当载波与信号波相交时，发出全控型开关导通与关断的 PWM 脉冲触发信号。三相 VSC 的 PWM 脉冲发生器如图 1-37 所示。图中，锁相环用于获取 VSC 交流母线电压的相位角；调制信号正弦波发生器以及三角载波发生器，为控制三相 VSC 中六个全控开关导通与关断生成相应的信号波组；触发脉冲发生器，通过载波与调制信号波的比较产生各开关的导通与关断脉冲。

1.3.3　柔性直流输电系统动态仿真

1.3.3.1　双端柔性直流仿真系统

为验证 VSC-HVDC 前馈解耦控制器性能，并研究双端 VSC-HVDC 特性，建立图 1-38 所示仿真系统。图中，VSC1 换流变压器一次侧交流额定电压为 13.8kV，

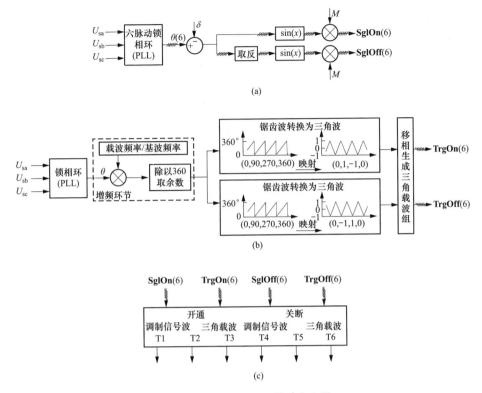

图 1-37　VSC 的 PWM 脉冲发生器

（a）调制信号正弦波发生器；（b）三角载波发生器；（c）VSC 触发脉冲发生器

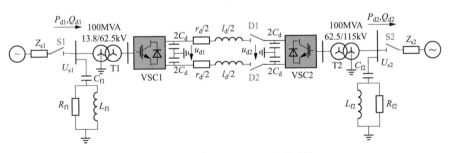

图 1-38　双端 VSC-HVDC 仿真系统

等值阻抗 Z_{s1} 为 0.19044Ω，阻抗角为 0.1369rad，换流变压器 T1 漏抗为 0.15（标幺值），容量为 100MVA，变比为 13.8/62.5kV；VSC2 换流变压器一次侧交流额定电压为 115kV，等值阻抗 Z_{s2} 为 26.45Ω，阻抗角为 0.1369rad，换流变压器 T2 漏抗为 0.15（标幺值），容量为 100MVA，变比为 115/62.5kV；VSC-HVDC 直流侧电容、直流输电系统的等值电阻和电感分别为 $C_d = 500\mu F$、$r_d = 5.0\Omega$、$l_d =$

0.02H。稳态运行时，VSC 交流滤波器向交流电网输出无功功率 10Mvar。正弦脉宽调制的载波频率取为 33 倍电网基波频率，即 $f_s = 1650\text{Hz}$。

VSC1 采用定有功功率 P_{d1}、定无功功率 Q_{d1} 或定交流母线电压 U_{s1} 控制，比例积分调节器参数为 $K_P = 10$、$T_P = 0.001\text{s}$；$K_Q = 10$、$T_Q = 0.001\text{s}$；$K_U = 5$、$T_U = 0.001\text{s}$、$K_I = 0.666$、$T_I = 6.1394 \times 10^{-3}\text{s}$。VSC2 采用定直流电压 u_{d1}、定无功功率 Q_{s2} 或交流母线电压 U_{s2} 控制，比例积分调节器参数为 $K_u = 0.04$、$T_u = 0.2\text{s}$；$K_Q = 1$、$T_Q = 0.01\text{s}$；$K_U = 4$、$T_U = 0.005\text{s}$、$K_I = 46.283$、$T_I = 8.8407 \times 10^{-5}\text{s}$。

此外，输出曲线中 VSC1 和 VSC2 有功功率 P_d 和无功功率 Q_d 的参考方向如图 1-38 所示。

1.3.3.2　VSC-HVDC 充电启动过程

时刻 t_1，闭合交流侧开关 S1 与 S2，给 VSC1 和 VSC2 交流母线充电。此时，两端 VSC 通过反向并联二极管构成的三相不控整流桥给直流侧电容充电；时刻 t_2，解锁受端定直流电压控制的 VSC2，与此同时，闭合直流开关 D1、D2，将 VSC2 的直流电压控制到参考值；时刻 t_3，解锁送端定有功控制的 VSC1，其有功功率设定值经时间段 t_4，由零逐渐斜坡爬升至稳态运行设定值。

设 VSC1 有功功率以及无功功率参考值为 $P_{d1\text{ref}} = 90.0\text{MW}$、$Q_{d1\text{ref}} = 0.0\text{Mvar}$；VSC2 直流电压以及无功功率参考值为 $u_{d2\text{ref}} = 118.0\text{kV}$、$Q_{d2\text{ref}} = 0.0\text{Mvar}$，时间 $t_1 \sim t_4$ 分别取为 0.05、0.2、0.5、0.05s，则双端 VSC-HVDC 启动过程仿真计算结果如图 1-39 所示。

从图 1-39 中可以看出，0.05s 时两端交流开关闭合后，交流电网通过三相不控整流桥将直流电容电压充电至 88.4kV，此时，流经换流变压器的最大瞬时电流约为稳态电流的 2~3 倍；0.2s 时 VSC2 解锁且直流侧开关闭合，VSC2 交流系统

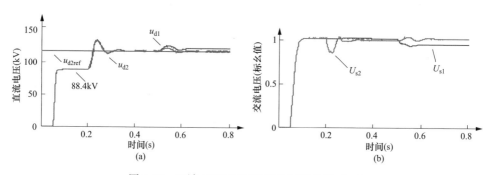

图 1-39　双端 VSC-HVDC 启动过程仿真（一）

（a）VSC 直流侧电容电压；（b）VSC 交流母线电压

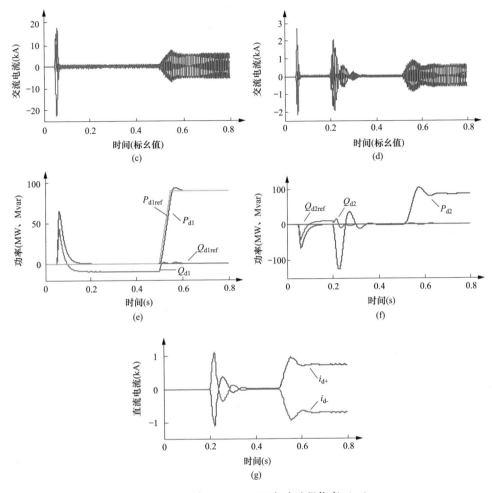

图 1-39　双端 VSC-HVDC 启动过程仿真（二）

(c) VSC1 交流侧三相电流；(d) VSC2 交流侧三相电流；(e) VSC1 有功功率与无功功率；
(f) VSC2 有功功率与无功功率；(g) 正负极直流电流

向 VSC-HVDC 直流侧输送功率，并将直流系统的电压稳定在 118kV；0.5s 时 VSC1 解锁，其有功功率快速跟随设定值变化，经 0.05s 后到达稳态设定值 90MW，对应交流母线电压稳定在 0.95（标幺值）。另外，VSC 解锁前，由 VSC 交流滤波器向交流系统提供 10Mvar 的无功功率；解锁后，由控制系统将该功率调节至设定值 0.0Mvar。

1.3.3.3　VSC 有功功率、无功功率以及直流电压阶跃响应

双端 VSC-HVDC 进入稳态运行后，有功功率、无功功率以及直流电压参考值的阶跃指令实施顺序为：

（1）1.0s 时，VSC1 有功功率参考值由 90MW 阶跃至 70MW。

（2）1.2s 时，VSC1 无功功率参考值由 0Mvar 阶跃至 -15Mvar。

（3）1.4s 时，VSC2 无功功率参考值由 0Mvar 阶跃至 15Mvar。

（4）1.6s 时，VSC2 直流电压参考值由 118kV 阶跃至 125kV。

对应于上述各参考值阶跃变化，双端 VSC-HVDC 暂态响应的仿真计算结果如图 1-40 所示。

从图中可以看出，采用 $dq0$ 坐标系下的前馈解耦控制器，VSC 与交流系统间

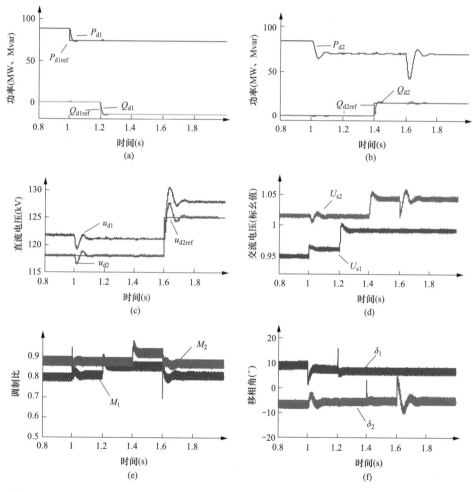

图 1-40　双端 VSC-HVDC 有功功率、无功功率以及直流电压阶跃响应仿真计算结果（一）

（a）VSC1 的有功和无功功率；（b）VSC2 的有功和无功功率；（c）VSC 直流侧电容电压；

（d）VSC 交流母线电压；（e）VSC 的 PWM 调制比；（f）VSC 的 PWM 移相角度

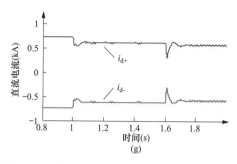

图 1-40 双端 VSC-HVDC 有功功率、无功功率以及直流电压阶跃响应仿真计算结果（二）

(g) 正负极直流电流

交换的有功功率和无功功率可实现独立控制；两端 VSC 通过直流侧的输电线路存在有功功率联系，无功功率则互不影响，仅作用于各自 VSC 的交流侧；由于各 VSC 直流侧电气联系紧密，因此，直流侧电容电压均具有较为一致的变化规律。

1.3.3.4 VSC 交流母线电压阶跃响应

VSC1 采用定有功功率 $P_{d1ref}=90.0\text{MW}$，定交流母线电压 $U_{s1ref}=0.95$（标幺值）控制；VSC2 采用定直流电压 $u_{d2ref}=118.0\text{kV}$，定交流母线电压 $U_{s2ref}=0.98$（标幺值）控制。待启动过程结束系统进入稳态后，1.0s 时 VSC1 交流母线电压设定值由 0.95（标幺值）阶跃至 1.0（标幺值）；1.3s 时 VSC2 交流母线电压设定值由 0.98（标幺值）阶跃至 1.02（标幺值）。对应上述控制方式及参考值阶跃变化的仿真计算结果，如图 1-41 所示。

从图 1-41 中可以看出，VSC 交流母线电压参考值提升后，其 PWM 调制比将相应增大，从而增加 VSC 向交流电网注入的无功功率。交流母线电压参考值的改变，仅影响 VSC 的 PWM 变量和 VSC 与交流系统间交换的无功功率大小，对 VSC 传输的有功功率无明显影响。

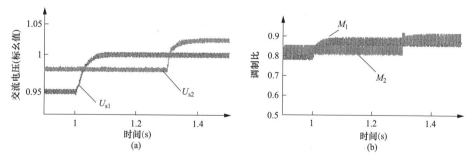

图 1-41 双端 VSC-HVDC 交流母线电压阶跃响应仿真计算结果（一）

(a) VSC 交流母线电压；(b) VSC 的 PWM 调制比

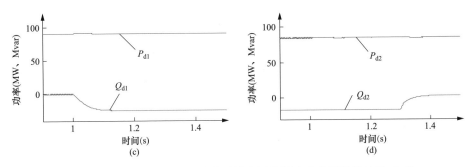

图 1-41　双端 VSC-HVDC 交流母线电压阶跃响应仿真计算结果（二）

（c）VSC1 的有功和无功功率；（d）VSC2 的有功和无功功率

1.4　柔性直流系统的高效电磁暂态仿真方法

1.4.1　MMC 戴维南高效模型

1.4.1.1　MMC 经典戴维南模型

MMC 戴维南模型的核心思想是建立单个子模块的戴维南模型，再利用子模块串联关系代数叠加。以下以半桥子模块结构为例，简述 MMC 戴维南模型的等效原理。IGBT 及其反向并联的二极管可等效为一个可变电阻，对应图 1-42 MMC 子拓扑结构等效中的 R_1 和 R_2，开关状态取值 R_{ON} 或 R_{OFF}。R_C、u_C 分别为子模块电容的等效电阻和等效电压。根据拓扑结构求子模块的等效电阻 $R^i_{smeq}(t)$ 和等效电压 $u^i_{smeq}(t)$，再由子模块串联结构求全部子模块的等效模型，即

$$u_{all\_smeq}(t) = \sum_{i=1}^{N} u^i_{smeq}(t) \tag{1-43}$$

$$R_{all\_smeq}(t) = \sum_{i=1}^{N} R^i_{smeq}(t) \tag{1-44}$$

式中：$u_{all\_smeq}(t)$、$R_{all\_smeq}(t)$ 为全部子模块的等效电压和等效电阻；N 为单个桥臂包含的子模块数目。

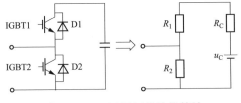

图 1-42　MMC 子拓扑结构等效

1.4.1.2 MMC 仿真离散化算法的灵活切换

在实现 MMC 电磁暂态仿真过程中，需对子模块电容支路和桥臂电感支路进行离散化。隐式梯形法的计算准确度高，绝大部分文献采用隐式梯形法离散化子模块电容支路，却带来非状态量数值振荡的风险。当 MMC 各桥臂投入的子模块数量变化引起网络结构突变时，隐式梯形法递推式中包含上一步的非状态变量，可能导致非状态量在真解附近不正常地摇摆，发生电磁暂态仿真中的数值振荡。有研究者采用后退欧拉法离散化子模块电容支路，使用的历史项与上一步非状态量无关，能够避免数值振荡问题，但由于完全抛弃了上一步非状态量，计算精度降低，工程实用性还有待考证。

后退欧拉法精度低，而隐式梯形法能够引起"数值振荡"。为同时满足 MMC 模型对高精度和避免"数值振荡"的需求，充分发挥后退欧拉法和隐式梯形法各自优势，本书在 MMC 仿真中采用灵活切换算法，即

$$C \cdot \frac{u_C(t) - u_C(t - \Delta t)}{\Delta t} = \frac{(1+\alpha)i_C(t) + (1-\alpha)i_C(t - \Delta t)}{2} \tag{1-45}$$

$$L \cdot \frac{i_L(t) - i_L(t - \Delta t)}{\Delta t} = \frac{(1+\alpha)u_L(t) + (1-\alpha)u_L(t - \Delta t)}{2} \tag{1-46}$$

式中：C、L 分别为子模块电容和桥臂电感值；Δt 为仿真步长；$u_C(t)$、$u_L(t)$ 分别为当前时刻电容和电感两端的电压值；$u_C(t - \Delta t)$、$u_L(t - \Delta t)$ 分别为上一仿真时刻电容和电感两端的电压值；$i_C(t)$、$i_C(t - \Delta t)$、$i_L(t)$、$i_L(t - \Delta t)$ 分别为对应时刻流过电容或电感的电流值；α 为离散化算法，取 0 为隐式梯形法，取 1 为后退欧拉法。

在 MMC 仿真每一步进行网络结构突变的判断和操作，判别 MMC 各桥臂投入子模块的数量是否发生变化，若各桥臂投入的子模块数量不改变，采用隐式梯形积分法保留上一步非状态量，保证 MMC 高效模型的高精度和稳定性。若任意桥臂投入子模块的数量变化，则切换为后退欧拉法以避开非状态量的突变时刻值，避免上一步非状态变量对后续仿真的冲击。通过改变 α 的值灵活切换离散算法，在保证 MMC 高精度仿真的同时，消除数值振荡。

1.4.1.3 桥臂戴维南等效模型

诸多文献基于 PSCAD 平台研究 MMC 等效模型，仅对桥臂中全部子模块进行等效，得到桥臂子模块的等效模型后再外接桥臂电感。

实际上，桥臂电感与桥臂子模块等效模型串联，电感电流即为桥臂电流，因此基于嵌套快速同时求解法，可将整个桥臂等效为一个戴维南模型。

桥臂的等效电压 $u_{\text{armeq}}(t)$ 为全部子模块的等效电压和桥臂电感的等效电压之和，桥臂的等效电阻 $R_{\text{armeq}}(t)$ 为全部子模块的等效电阻和桥臂电感的等效电阻之和，即

$$u_{\text{armeq}}(t) = u_{\text{all\_smeq}}(t) + u_{\text{L}}(t) \tag{1-47}$$

$$R_{\text{armeq}}(t) = R_{\text{all\_smeq}}(t) + R_{\text{L}}(t) \tag{1-48}$$

式中：$u_{\text{all\_smeq}}(t)$、$R_{\text{all\_smeq}}(t)$ 分别为全部子模块的等效电压和等效电阻；$u_{\text{L}}(t)$、$R_{\text{L}}(t)$ 分别为桥臂电感支路离散化后的戴维南等效电压和等效电阻。上述方法简单有效，在完全不降低 MMC 高效模型仿真精度的同时，消去图 1-43 内部节点 AP、AN、BP、BN、CP、CN 后，使得节点导纳阵从 11 阶降为 5 阶，提高了模型计算速度。图 1-43 中"＊"表示节点导纳阵中的自导纳或互导纳非零。

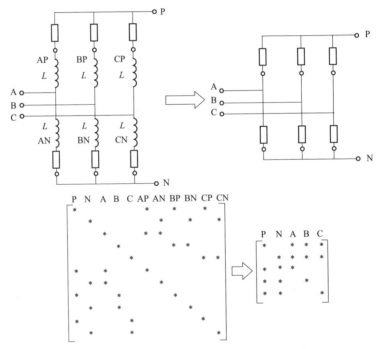

图 1-43　MMC 导纳阵降阶示意图

1.4.2　基于双向堆排序的不完全排序算法

1.4.2.1　最近电平逼近控制与排序均压算法实质分析

最近电平逼近控制（NLC）策略结合排序均压算法具有动态性能好、实现简单等优势。其基本原理如图 1-44 所示，由调制模块确定 t 时刻需投入的子模块数

量 $n(t)$，并对同一桥臂内的子模块电容电压进行排序，最后根据桥臂电流 i_{arm} 的方向选择不同的子模块投入。图 1-44 中 ROUND 表示按照"四舍五入"原则进行取整。

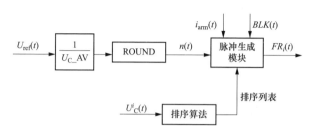

图 1-44 基于 NLC 的 MMC 电容电压平衡算法原理图

值得注意的是，在电容电压平衡算法中排序的目的是确定前 $n(t)$ 个电容电压最大（小）的子模块的编号，不需要对筛选出来的 $n(t)$ 个子模块电压内部排序，也不用对未筛选出来的 $N\text{-}n(t)$ 个电容电压排序。因此，对整个桥臂的子模块电容电压进行严格全排序是没有必要的。本书借助"TOP-K"问题的思想，充分节约不必要的排序计算，提出一种"基于双向堆排序的电容电压排序算法"。

1.4.2.2 基于双向堆排序的电容电压排序算法

"TOP-K"问题是指如何从大量源数据中获取最大（最小）的 K 个数据，这与基于 NLC 的 MMC 子模块电容电压排序目标完全一致。堆排序算法是解决"TOP-K"问题的经典算法，能够充分利用子模块电容电压的比较结果，发挥"堆"的特点，快速定位需要的子模块编号。

图 1-45 为"堆"结构示意图，"堆"中的节点按照完全二叉树的形式构建。二叉树最顶端的节点为根节点。若一个节点下面与两个节点相连，则称该节点为下面两个节点的父节点，下面连接的两个节点为该节点的子节点。以图 1-45 为例，节点 0 为根节点，节点 3 是节点 7、8 的父节点，节点 7、8 是节点 3 的子节点。

将 MMC 中的子模块等效为堆结构中的节点：子模块电容电压值对应节点中的元素，子模块编号对应节点编号，以此构建 MMC 子模块"堆"。根据性质不同可分为大顶堆和小顶堆，以 MMC 子模块大顶堆为例，需满足两个特性：①每个父节点的子模块编号对应的电容电压值都不小于它下面的 2 个子节点的子模块编号对应的电容电压值。②根节点的子模块编号对应的电容电压值是大顶堆中所有子模块电容电压中的最大值。

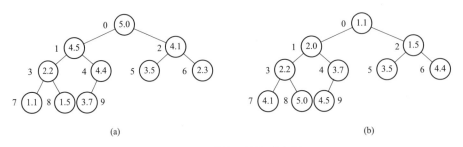

图 1-45 "堆"结构示意图
（a）大顶堆结构；（b）小顶堆结构

筛选 $n(t)$ 个最大的子模块电压和筛选 $N-n(t)$ 个最小的子模块电容电压是等效的，可以灵活调整堆的结构和性质，进一步降低排序次数。因此，本书提出一种基于双向堆排序的电容电压排序算法，在不改变电容电压平衡效果的同时，充分避免不必要的排序。算法原理为：

（1）根据电流 i_{arm} 方向和调制模块输出的 $n(t)$ 进行判断，确定 MMC 子模块"堆"的性质及规模，分为以下四种情形。

1）若 $i_{arm} \geqslant 0$，$n(t) < N/2$，则取 $n(t)$ 个子模块编号，构建元素数量为 $n(t)$ 的大顶堆。

2）若 $i_{arm} \geqslant 0$，$n(t) \geqslant N/2$，则取 $N/2-n(t)$ 个子模块编号，构建元素数量 $N/2-n(t)$ 的小顶堆。

3）若 $i_{arm} < 0$，$n(t) < N/2$，则取 $n(t)$ 个子模块编号，构建元素数量为 $n(t)$ 的小顶堆。

4）若 $i_{arm} < 0$，$n(t) \geqslant N/2$，则取 $N/2-n(t)$ 个子模块编号，构建元素数量 $N/2-n(t)$ 的大顶堆。

（2）针对建立的大（小）顶堆结构，调整"堆"中的子模块编号，确保堆中的子模块编号指向的电容电压满足"堆"的性质。

以 MMC 子模块大顶堆为例，首先按照完全二叉树的结构，将子模块等效为节点，依次填入子模块编号；其次从堆中最后填入的子模块开始进行判断，左右子节点取较大的子模块电容电压值与父节点编号对应的子模块电容电压值比较，若子节点最大的电容电压值大于父节点中的电容电压值，则交换两个节点中的子模块编号；最后依照上述判断原则，从左至右、从下到上调整每一个父节点编号及其对应的子节点编号，最终使得构建的 MMC 子模块"堆"满足大顶堆的两个特性。

（3）将其余的子模块编号指向的电压依次与堆顶根节点子模块编号指向的电

压相比较。

若构建的堆为 MMC 子模块大顶堆，根节点子模块编号指向的电容电压值为最大值，则其余的子模块编号指向的电压分别与根节点子模块编号指向的电压比较，若比根节点电压大，则不进行处理；若比根节点电压小，则将该编号替换为根节点编号，再调整大顶堆的结构，满足大顶堆的性质。

同理，若构建的堆为 MMC 子模块小顶堆，则将剩余子模块编号指向的电压依次与根节点子模块编号指向的电压比较，在该编号指向的电压大于根节点编号指向的电压的情况下，将该编号替换为根节点子模块编号，再调整小顶堆的结构，恢复小顶堆的性质。

（4）确定投入的子模块。

1）若需投入的子模块数量 $n(t) < N/2$，则投入最终生成的大（小）顶堆中的所有子模块编号。

2）若需投入的子模块数量 $n(t) \geqslant N/2$，则投入最终生成的大（小）顶堆之外剩余所有子模块的编号。

（5）根据确定的子模块编号，生成相应的 IGBT 触发信号，投入对应的 $n(t)$ 个子模块。

基于双向堆排序的电容电压排序算法，根据每一步的导通模块数量 $n(t)$ 时时调整 MMC 子模块堆的规模和性质，利用"堆"的结构快速区分"堆"内子模块和"堆"外子模块，直接确定投入的子模块编号，而不对所有子模块进行全排序。双向选择则进一步降低了"堆"结构的规模，减少了排序次数，最大程度地减少运算量，提高 MMC 高效模型的计算速度。

1.4.3 MMC 高精度闭锁仿真

上述高效模型和均压算法能够实现 MMC 在解锁状态下精准快速仿真。当MMC 处于启动阶段或发生故障时，需将全部子模块或部分桥臂的子模块闭锁，全控型器件处于关断状态。在二极管的不控整流作用下，MMC 子模块状态与 i_{arm} 方向相关。MMC 单桥臂全部子模块的等效电阻和等效电压实际值如表 1-1 所示。

不同的桥臂电流方向对应不同的等效模式。电磁暂态仿真软件往往采用定步长仿真算法，若不考虑二极管插值作用，等效模式只能在仿真步长整数倍的时间点改变并进行后续计算，将产生大量的畸变点，严重影响 MMC 电磁暂态仿真的精确性。有学者利用 PSCAD 程序中自带的二极管进行插值，提出了一种改进的

MMC 桥臂等效模型，但此方法增加了求解电路的维度，且等效精度欠佳。

表 1-1 　　　　　闭锁状态下单桥臂全部子模块等效参数的实际值

条件	等效电阻	等效电压
$i_{\text{arm}}>0$	$N\left[R_{\text{off}}//\left(R_{\text{on}}+R_{\text{C}}\right)\right]$	$\dfrac{R_{\text{off}}}{R_{\text{on}}+R_{\text{C}}+R_{\text{off}}}\cdot\sum\limits_{i=1}^{N}u_{\text{C}}^{i}$
$i_{\text{arm}}\leqslant0$	$N\left[R_{\text{on}}//\left(R_{\text{off}}+R_{\text{C}}\right)\right]$	$\dfrac{R_{\text{on}}}{R_{\text{on}}+R_{\text{C}}+R_{\text{off}}}\cdot\sum\limits_{i=1}^{N}u_{\text{C}}^{i}$

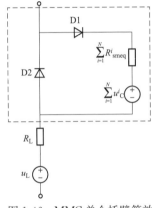

图 1-46　MMC 单个桥臂等效结构图

为更精确模拟 MMC 闭锁状态，本书采用虚拟二极管的方式。如图 1-46 所示，在投入全部子模块的同时，每个桥臂中均调用两个虚拟二极管，一个为正向串联虚拟二极管 D1，一个为反向并联虚拟二极管 D2，采用表 1-2 所示的导通电阻和关断电阻。

D1 的导通电阻应取 0Ω，但取 0 后会导致导纳矩阵奇异，需额外增加计算量，亦可能造成错误的矩阵求逆结果。为了保证计算的稳定性，设置导通电阻为 1μΩ。D2 的关断电阻应取无穷大，在仿真中使用 1GΩ 模拟无穷大。因此，采用虚拟二极管后的 MMC 闭锁等效电阻和等效电压如表 1-3 所示。

其中，$R_{\text{in}}=R_{\text{on}}//\left(R_{\text{on}}+R_{\text{off}}+R_{\text{C}}\right)\ll R_{\text{off}}$，$R_{\text{off}}/\left(R_{\text{on}}+R_{\text{C}}+R_{\text{off}}\right)\approx1$。

表 1-2 　　　　　　　闭锁状态下虚拟二极管参数的取值

二极管编号	R_{on}（Ω）	R_{off}（Ω）
D1	10^{-6}	$N\left(R_{\text{off}}+R_{\text{C}}\right)$
D2	NR_{on}	10^{9}

表 1-3 　　　　　采用虚拟二极管后单桥臂全部子模块的等效参数值

条件	等效电阻	等效电压
$i_{\text{arm}}>0$	$10^{-6}+N\left[R_{\text{off}}//\left(R_{\text{on}}+R_{\text{C}}\right)\right]$	$\dfrac{R_{\text{off}}}{R_{\text{on}}+R_{\text{C}}+R_{\text{off}}}\cdot\sum\limits_{i=1}^{N}u_{\text{C}}^{i}$
$i_{\text{arm}}\leqslant0$	$N\left[R_{\text{on}}//\left(R_{\text{off}}+R_{\text{C}}+R_{\text{in}}\right)\right]$	$\dfrac{R_{\text{on}}}{R_{\text{on}}+R_{\text{C}}+R_{\text{off}}}\cdot\dfrac{R_{\text{off}}}{R_{\text{on}}+R_{\text{C}}+R_{\text{off}}}\cdot\sum\limits_{i=1}^{N}u_{\text{C}}^{i}$

对比表 1-1 和表 1-3 中的等效参数值，本书在不增加内部节点的同时，通过

正确设置二极管参数，对闭锁状态的处理误差极小。

值得注意的是，针对 MMC 闭锁瞬间可能进行的插值运算，为保证闭锁初始时刻计算正确，避免插值错误，本书在 MMC 解锁时虽不投入虚拟二极管，但需保留虚拟二极管的更新历史变量函数。即不调用二极管插值函数和闭锁等效模型的同时，根据 i_{arm} 方向每一步更新虚拟二极管的历史变量。

若 $i_{arm} \leqslant 0$，则根据表 1-4 更新历史变量，若 $i_{arm} > 0$，则根据表 1-5 更新历史变量。通过合理设置虚拟二极管参数和时时更新历史变量，能够实现 MMC 在任意闭锁时刻的高精度仿真，并将通过仿真算例验证上述处理方式的精确性。

表 1-4　　　　　　　　　　**虚拟二极管历史变量更新方式 A**

二极管编号	开关状态	电压	电流
D1	关断	$u_{arm}(t) - u_L(t) - \sum_{i=1}^{N} u_C^i(t)$	0
D2	导通	$u_L(t) - u_{arm}(t)$	$-i_{arm}(t)$

表 1-5　　　　　　　　　　**虚拟二极管历史变量更新方式 B**

二极管编号	开关状态	电压	电流
D1	导通	$u_{arm}(t) - u_L(t) - \sum_{i=1}^{N} u_C^i(t)$	$i_{arm}(t)$
D2	关断	$u_L(t) - u_{arm}(t)$	0

1.4.4　仿真验证

为验证本书提出的 MMC 高效电磁暂态仿真方法的精确性和高效性，在由中国电力科学研究院独立研制开发的 PSModel 电磁暂态仿真软件中，基于本书提出的 MMC 高效电磁暂态仿真方法开发了 MMC 高效模型，简称 PSModel 高效模型。利用 Matlab 和 PSCAD/EMTDC 搭建相应的 MMC 测试系统，比较 PSModel 高效模型的精确度和速度。

1.4.4.1　模型准确性测试

在 Matlab 中搭建如图 1-47 所示的 5 电平 MMC 双端详细模型，采用 $2\mu s$ 的定仿真步长进行仿真，设置工况：0.4s MMC 逆变侧解锁，0.5s 整流侧解锁，1s 直流线路发生接地故障，1.005s MMC 闭锁。参数如表 1-6 所示。

同理，在 PSModel 中搭建完全一致的测试系统，设置同样的工况，仿真时间和步长也完全一致。将电流电压波形曲线与 Matlab 详细模型比较。

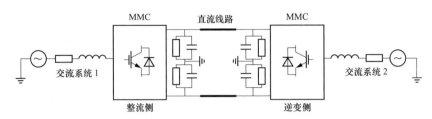

图 1-47 双端 MMC-HVDC 测试系统

表 1-6   仿 真 算 例 背 景 数 据

参数	数值	参数	数值
交流电网电压（kV）	20	桥臂电感（mH）	3.6
交流电网等值电阻（Ω）	5	子模块电容（mF）	12
交流系统等值电感（mH）	3.6	子模块电压（kV）	5
直流母线电压（kV）	20	直流侧电容器（μF）	500

PSModel 高效模型与 Matlab 详细模型的整流侧 B 相交流电压、A 相上桥臂电流、直流电压和直流电流如图 1-48 所示。其中红色曲线是 PSModel 高效模型的计算波形，蓝色曲线是 Matlab 详细模型的计算波形。

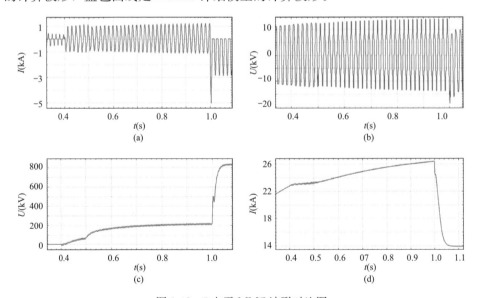

图 1-48 5 电平 MMC 波形对比图

（a）A 相上桥臂电流；（b）B 相交流电压；（c）直流电压；（d）直流电流

对比结果可知，PSModel 高效模型与 Matlab 详细模型在各种模式下的计算结果误差都很小。为更清晰地比较 PSModel 高效模型的仿真精度，表 1-7 统计了

PSModel 各波形与 Matlab 详细模型波形的最大误差。PSModel 高效模型闭锁误差在 0.02% 以内，能够实现 MMC 的高精度闭锁仿真。MMC 正常运行时仿真误差小于基于后退欧拉法等效模型仿真精度误差 0.18%。

表 1-7 仿 真 误 差 对 比

物理量	闭锁误差	运行误差
交流侧电压	0.0080%	0.022%
交流侧电流	0.0170%	0.119%
直流侧电压	0.0060%	0.114%
直流侧电流	0.0001%	0.061%

为验证 PSModel 高效模型在保持高精度仿真的同时，能够消除数值振荡。在 PSCAD 中使用基于梯形法的 MMC 戴维南等效模型，搭建电平数为 201 的双端系统，参数如表 1-8 所示，并使用 PSModel 高效模型搭建同样系统。分别使用 $5\mu s$ 和 $20\mu s$ 的仿真步长。

表 1-8 仿 真 算 例 背 景 数 据

参数	数值	参数	数值
交流电网电压（kV）	525	桥臂电感（mH）	50
交流电网等值电阻（Ω）	0.1542	子模块电容（mF）	10
交流系统等值电感（mH）	9.8	子模块电压（kV）	1.75
直流母线电压（kV）	350	直流侧电容器（μF）	25

图 1-49（a）为 PSCAD 整流侧直流电压，红色为采用 $5\mu s$ 时仿真结果，蓝色为采用 $20\mu s$ 时的仿真结果，当仿真步长为 $20\mu s$ 时，PSCAD 计算中出现了数值振荡；图 1-49（b）为 PSModel 整流侧直流电压，红色为 $5\mu s$ 仿真结果，蓝色为 $20\mu s$ 仿真结果；图 1-49（c）进一步对比 PSCAD 和 PSModel 在 $20\mu s$ 时的整流侧直流电压，黑色是 PSModel 波形，红色是 PSCAD 波形，可见 PSModel 高效模型计算稳定，没有出现类似于 PSCAD 的数值振荡。图 1-49（d）为 C 相上桥臂投入子模块的数量发生了改变，导致网络结构变化。图 1-49（e）展现了 PSModel 高效模型中 α 在网络结构变化的取值。

由仿真结果可知，PSModel 模型灵活改变积分算法，在网络结构变化后使用后退欧拉法，有效地避免了数值振荡。

对比 Matlab 5 电平双端测试系统和 PSCAD 201 电平测试系统计算结果，可以得出结论：PSModel 高效模型精度高的同时能避免数值振荡，对步长具有更好的适应性，完全能够满足大电网电磁暂态仿真对精度的要求。

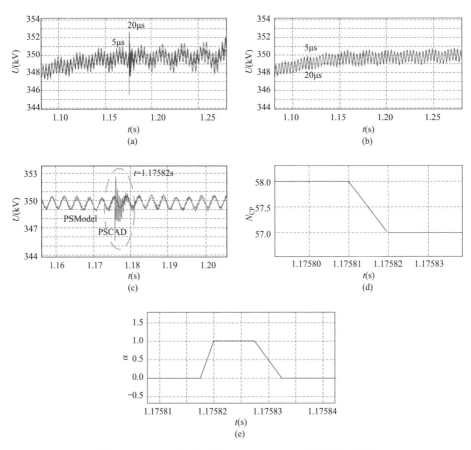

图 1-49   201 个电平双端 MMC-HVDC 系统波形对比图

（a）PSCAD 不同步长下的直流电压；（b）PSModel 不同步长下的直流电压；（c）同一步长下 PSCAD
与 PSModel 的直流电压；（d）C 相上桥臂导通子模块数量；（e）PSModel 中 α 取值

1.4.4.2   模型速度测试

为测试 PSModel 高效模型的计算速度，采用 Intel i7-6500 CPU（主频为 2.5GHz）做计算对比，对照使用的 PSCAD/EMTDC 的版本为 4.6.0.0 Professional。

在 PSCAD/EMTDC 中使用 MMC 经典戴维南等效模型，搭建如图 1-47 所示的双端 MMC-HVDC 开环测试系统，参数设置如表 1-9 所示。R_{on} 为 0.01Ω，R_{off} 为 1MΩ，排序算法为快速排序算法。利用 PSModel 高效模型，在 PSModel 中搭建控制系统与拓扑结构完全一样的测试系统。以 401 个电平为例，采用 10μs 的仿真步长，对比典型电压电流波形。

表 1-9 仿 真 算 例 背 景 数 据

参数	数值	参数	数值
交流电网电压（kV）	20	桥臂电感（mH）	3.6
交流电网等值电阻（Ω）	5	子模块电容（mF）	12
交流系统等值电感（mH）	3.6	子模块电压（kV）	0.05
直流母线电压（kV）	20	直流侧电容器（μF）	500

PSModel 高效模型与 PSCAD 等效模型的整流侧 B 相上桥臂电流、直流电压和直流电流如图 1-50 所示。其中红色曲线是 PSModel 计算波形，蓝色曲线是 PSCAD 计算波形。在此测试中，PSModel 高效模型与 PSCAD 戴维南等效模型仿真结果基本重合。

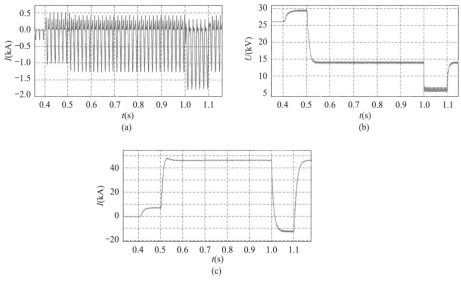

图 1-50 401 电平 MMC 整流侧波形对比图
（a）B 相上桥臂电流；（b）直流电压；（c）直流电流

为了测试书中所提桥臂等效模型和排序算法的提速效果，在上述双端测试系统中，分别使用 PSCAD 戴维南等效模型、PSModel 等效模型（经典快速排序算法）和 PSModel 高效模型（双向堆不完全排序算法），采用 $10\mu s$ 仿真步长，计算子模块数量为 4、10、40、100、200、300、400、800 情形，仿真时长为 1.5s。表 1-10 为 MMC 测试系统仿真用时，定义加速比 1 为 PSCAD 等效模型仿真用时与 PSModel

等效模型的比，定义加速比 2 为 PSCAD 等效模型仿真用时与 PSModel 高效模型的比。

表 1-10   MMC 测试系统仿真用时

子模块数（个）	仿真用时（s）			加速比 1	加速比 2
	PSCAD 等效模型	PSModel 等效模型（传统排序算法）	PSModel 高效模型		
4	8.44	1.93	1.59	4.37	5.31
10	12.13	2.85	2.61	4.26	4.65
40	20.81	8.82	4.55	2.36	4.57
100	49.04	35.41	8.80	1.38	5.57
200	132.62	83.25	17.39	1.59	7.63
300	296.93	186.31	28.99	1.59	10.24
400	576.01	347.19	39.92	1.66	14.43
800	2215.02	1609.28	91.71	1.38	24.15

对比 PSCAD 模型和 PSModel 等效模型（传统全排算法）的仿真时长和加速比，在排序算法一致时，消去 MMC 内部节点，使用桥臂戴维南等效模型能提升 MMC 模型的计算速度；对比 PSModel 等效模型和本书提出的 PSModel 高效模型的仿真时长，电容电压排序算法对 MMC 模型的计算速度影响很大，基于双向堆排序的不完全电容电压排序算法能够有效地提升 MMC 等效模型的计算速度。在保持 MMC 等效模型精度不变的前提下，PSModel 高效模型与 PSCAD 模型相比，计算速度显著提升，并且随着子模块数量的增多，这种提速效果越明显，更适用于实际 MMC 系统的仿真计算。

1.5 混合型 MMC 全状态高效电磁暂态仿真方法研究

1.5.1 混合型 MMC 工作状态分析

1.5.1.1 混合型 MMC 拓扑结构

三相混合型 MMC 的拓扑结构如图 1-51 所示，各桥臂由 N 个子模块组成，其中半桥子模块的数量为 N_h，全桥子模块的数量为 N_f。一定数量的全桥子模块不仅使 MMC 具备了直流故障箝位能力，且能够输出负电平，提高了 MMC 的运行灵活性。

混合型 MMC 存在解锁和闭锁两种不同的工作模式，每种模式均包括多种工作状态。

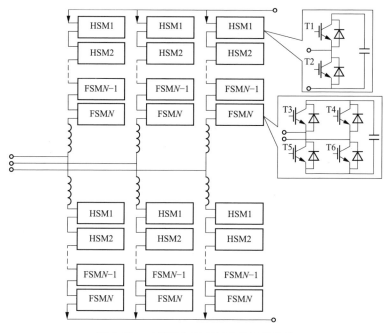

图 1-51 三相混合型 MMC 的拓扑结构

1.5.1.2 闭锁工作状态分析

闭锁模式下，混合型 MMC 子模块中的 IGBT 全部关断，由二极管确定子模块工作状态。二极管具有一定阈值的正向电压则导通，具有反向电压则关断。根据二极管通断状态的不同，闭锁模式下子模块具有多种工作状态（见图 1-52）。

图 1-52 中红色表示二极管处于关断状态，绿色表示二极管处于导通状态。半桥子模块具有正向充电、反向旁路和截止三种状态，全桥子模块具有正向充

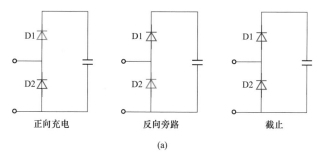

(a)

图 1-52 子模块闭锁模式下工作状态（一）

（a）半桥子模块闭锁工作状态

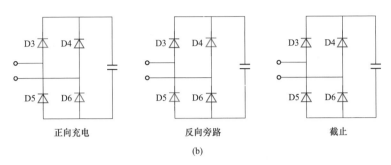

图 1-52　子模块闭锁模式下工作状态（二）

（b）全桥子模块闭锁工作状态

电、反向充电和截止三种状态。混合型 MMC 子模块串联组成各桥臂，闭锁模式下同桥臂的子模块电流相同，因此同桥臂同类型子模块具有相同的工作状态。

1.5.1.3　解锁工作状态分析

解锁模式下，混合型 MMC 的调制环节生成 IGBT 控制信号，部分 IGBT 导通。通过控制子模块的投退，维持混合型 MMC 子模块电容电压均衡，并使交流侧输出的电压波形接近正弦波。

半桥子模块、全桥子模块解锁模式下的工作状态如表 1-11 和表 1-12 所示，"1"表示导通信号，"0"表示关断信号。解锁模式下半桥子模块具有投入、退出两种工作状态，全桥子模块具有正投入、负投入、退出模式 1 和退出模式 2 共 4 种工作状态。

表 1-11　　　　　　　　　　半桥子模块解锁模式工作状态

状态	T1	T2
投入	1	0
退出	0	1

表 1-12　　　　　　　　　　全桥子模块解锁模式工作状态

状态	T3	T4	T5	T6
正投入	1	0	0	1
负投入	0	1	1	0
退出模式 1	1	1	0	0
退出模式 2	0	0	1	1

1.5.2　混合型 MMC 全状态高效电磁暂态仿真方法

1.5.2.1　混合型 MMC 全状态等效模型

半桥子模块和全桥子模块包含多种工作状态，由其组成的混合型 MMC 工作

状态更加复杂多样。本书提出一种"混合型 MMC 全状态高效电磁暂态仿真方法"，在不添加模型内部节点的前提下，实现混合型 MMC 全状态高精度电磁暂态仿真，并对模型进行优化等效，提高混合型 MMC 电磁暂态仿真的计算效率。

图 1-53 为混合型 MMC 全状态等效模型，将单个桥臂的半桥子模块、全桥子模块和桥臂电感分别等效为戴维南支路，再将整个桥臂等效为戴维南支路。式（1-49）和式（1-50）为等效公式。

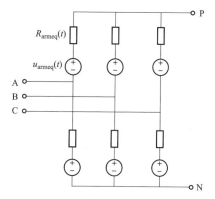

图 1-53　混合型 MMC 全状态等效模型

$$u_{\text{armeq}}(t)=u_{\text{all\_smeq}}^{\text{HB}}(t)+u_{\text{all\_smeq}}^{\text{FB}}(t)+u_{\text{L}}(t) \tag{1-49}$$

$$R_{\text{armeq}}(t)=R_{\text{all\_smeq}}^{\text{HB}}(t)+R_{\text{all\_smeq}}^{\text{FB}}(t)+R_{\text{L}}(t) \tag{1-50}$$

式中：$R_{\text{armeq}}(t)$ 为桥臂戴维南等效电阻；$u_{\text{armeq}}(t)$ 为桥臂戴维南等效电压；$u_{\text{L}}(t)$、$R_{\text{L}}(t)$ 分别为桥臂电感经过积分算法离散后得到的等效电压和等效电阻值；$u_{\text{all\_smeq}}^{\text{HB}}(t)$、$R_{\text{all\_smeq}}^{\text{HB}}(t)$ 分别为单桥臂所有半桥子模块的等效电压和等效电阻值；$u_{\text{all\_smeq}}^{\text{FB}}(t)$、$R_{\text{all\_smeq}}^{\text{FB}}(t)$ 分别为单桥臂所有全桥子模块的等效电压和等效电阻值。根据混合型 MMC 解闭锁模式不同，桥臂半桥子模块、全桥子模块的戴维南支路分别采用不同的等效方法。

1.5.2.2　闭锁等效方法

闭锁模式下 IGBT 全部关断，子模块工作状态与二极管通断状态相关。目前电磁暂态仿真软件大多采用定步长仿真方法，若不考虑二极管的插值作用，工作状态只能在仿真步长的时间点改变并进行后续计算，将产生大量的畸变点，严重影响混合型 MMC 电磁暂态仿真的精确性。

有研究人员借助 PSCAD 自带的插值算法计算工作状态变化的准确时间，将每个二极管的动作准则加入到轮询列表，根据动作准则和二极管上一时刻的状态，判别是否进行插值。但上述等效仿真效率低，且依赖 PSCAD 平台。基于半

桥子模块和全桥子模块不同的闭锁特性，本书提出一种混合型 MMC 闭锁等效方法，实现混合型 MMC 闭锁高效仿真。

（1）桥臂半桥子模块闭锁仿真方法。桥臂半桥子模块闭锁工作状态与子模块内两个二极管的状态密切相关，本书利用两个虚拟二极管模型对同一桥臂的半桥子模块进行插值，与传统模型不同，虚拟二极管模型只在闭锁模式下投入，解锁模式下不进行插值计算。

如图 1-54 所示，虚拟二极管的拓扑结构与二极管详细电磁暂态详细模型基本一致。二极管支路由可变电阻和直流电压源 U_f 串联，阻尼支路由阻尼电容 C_S 和阻尼电阻 R_S 串联。可变电阻值包括通态电阻 R_{ON}^{DIO} 和截止电阻 R_{OFF}^{DIO} 两种取值方式，设置方法如式（1-51）和式（1-52）所示，二极管模型两端电压为正，则取 R_{ON}^{DIO}；两端电流为负，则取 R_{OFF}^{DIO}。R_{eq}^{DIO}、U_{eq}^{DIO} 分别表示虚拟二极管模型的戴维南等效电阻和等效电压。闭锁模式下，不进行子模块电容电压排序，直接根据式（1-53）和式（1-54）确定桥臂全部半桥子模块电容的戴维南等效模型。

$$R_{ON}^{DIO} = N_h R_{ON} \tag{1-51}$$

$$R_{OFF}^{DIO} = N_h R_{OFF} \tag{1-52}$$

$$R_{all\_C}^{HB}(t) = N_h R_C \tag{1-53}$$

$$u_{all\_C}^{HB}(t) = \sum_{i=1}^{N_h} u_C^i(t) \tag{1-54}$$

式中：R_{ON} 为导通电阻；R_{OFF} 为关断电阻；R_C、$u_C^i(t)$ 分别为子模块电容等效电阻和等效电压，$R_{all\_C}^{HB}(t)$、$u_{all\_C}^{HB}(t)$ 为所有子模块电容串联的戴维南等效电阻和等效电压。

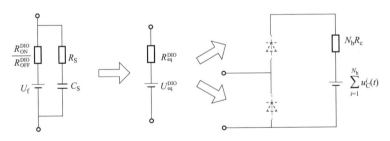

图 1-54　桥臂半桥子模块闭锁等效模型

确定虚拟二极管模型通断状态变化的准确时间，改变虚拟二极管模型的电阻值，是精确模拟半桥子模块闭锁模式的关键，本书采用的桥臂半桥子模块闭锁仿真流程，如图 1-55 所示。

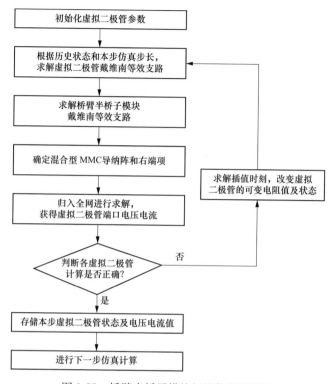

图 1-55　桥臂半桥子模块闭锁仿真流程图

1）初始化虚拟二极管参数。

2）基于本步的仿真步长和积分算法，求解虚拟二极管模型的戴维南支路。

3）将桥臂内所有半桥子模块电容串联，等效为戴维南支路。

4）确定混合型 MMC 的导纳阵和右端项。

5）将混合型 MMC 归入全网进行求解，由 MMC 各节点电压求解虚拟二极管模型端口电压电流。

6）判断各虚拟二极管模型本步计算是否正确。

情形 1：若上步虚拟二极管模型为截止状态且本步虚拟二极管模型两端电压小于 0，则计算正确，二极管仍为截止状态。

情形 2：若上步虚拟二极管模型为截止状态且本步虚拟二极管模型两端电压大于 0，则计算错误，则二极管应该导通。如图 1-56（a）所示，根据历史电压和本步电压进行插值，寻找电压过零时刻，在过零时刻修改可变电阻值为 $R_{\mathrm{ON}}^{\mathrm{DIO}}$，重新执行 2），基于多步变步长后退欧拉法再次求解整个网络的电压电流。

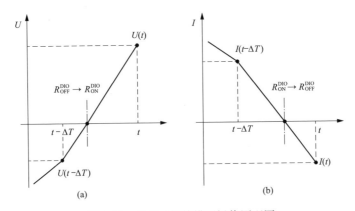

图 1-56 虚拟二极管模型插值原理图

(a) 插值计算导通时刻；(b) 插值计算关断时刻

情形 3：若上步虚拟二极管模型为导通状态且本步虚拟二极管电流大于 0，则计算正确，二极管仍为导通状态。

情形 4：若上步虚拟二极管模型为导通状态且本步虚拟二极管电流小于 0。则计算错误，二极管应该截止。需根据历史电流和本步电流进行插值，如图 1-56 (b) 所示，寻找电流过零时刻，在过零时刻修改可变电阻值为 $R_{\mathrm{OFF}}^{\mathrm{DIO}}$，重新执行 2)，基于多步变步长后退欧拉法再次求解整个网络的电压电流。

7) 混合型 MMC 所有虚拟二极管模型全部计算正确后，完成本步计算，并存储本步虚拟二极管状态、电压和电流值。

8) 进行下一步仿真计算。

通过合理设置虚拟二极管的参数，精确等效半桥子模块闭锁模式下的工作状态，通过求解虚拟二极管模型开断状态变化的准确时间，精确模拟半桥子模块闭锁工作状态切换，实现混合型 MMC 桥臂半桥子模块的高精度闭锁仿真。

(2) 桥臂全桥子模块闭锁仿真方法。混合型 MMC 桥臂全桥子模块闭锁模式包括正投入、负投入和截止三种工作状态。表 1-13 为全桥子模块闭锁工作状态及戴维南等效形式。

表 1-13　　　　　全桥子模块闭锁模式工作状态及等效形式

状态	电压关系	D3	D4	D5	D6	等效电阻	等效电压
正投入	$u_{\mathrm{sm}}^{i}(t) > u_{\mathrm{ceq}}^{i}(t)$	1	0	0	1	$R_{\mathrm{ON}}^{\mathrm{FB}}$	$u_{\mathrm{FB}}^{i}(t)$
负投入	$u_{\mathrm{sm}}^{i}(t) < -u_{\mathrm{ceq}}^{i}(t)$	0	1	1	0	$R_{\mathrm{ON}}^{\mathrm{FB}}$	$-u_{\mathrm{FB}}^{i}(t)$
正向阻断	$0 \leqslant u_{\mathrm{sm}}^{i}(t) \leqslant u_{\mathrm{ceq}}^{i}(t)$	0	0	0	0	$R_{\mathrm{OFF}}^{\mathrm{FB}}$	0
反向阻断	$-u_{\mathrm{ceq}}^{i}(t) \leqslant u_{\mathrm{sm}}^{i}(t) < 0$	0	0	0	0	$R_{\mathrm{OFF}}^{\mathrm{FB}}$	0

表中：

$$R_{\mathrm{ON}}^{\mathrm{FB}} = \frac{(R_{\mathrm{ON}} + R_{\mathrm{OFF}})R_{\mathrm{C}} + 2R_{\mathrm{ON}}R_{\mathrm{OFF}}}{2R_{\mathrm{C}} + (R_{\mathrm{ON}} + R_{\mathrm{OFF}})} \tag{1-55}$$

$$R_{\mathrm{OFF}}^{\mathrm{FB}} = R_{\mathrm{OFF}} \tag{1-56}$$

$$u_{\mathrm{FB}}^{i}(t) = \frac{R_{\mathrm{OFF}}}{R_{\mathrm{ON}} + R_{\mathrm{C}} + R_{\mathrm{OFF}}} u_{\mathrm{ceq}}^{i}(t) \tag{1-57}$$

全桥子模块闭锁模式的工作状态与子模块外界电压 $u_{\mathrm{sm}}^{i}(t)$ 和电容等效电压 $u_{\mathrm{ceq}}^{i}(t)$ 密切相关：当 $u_{\mathrm{sm}}^{i}(t) > u_{\mathrm{ceq}}^{i}(t)$ 时，子模块处于正投入状态，D3、D6 导通，D4、D5 截止；当 $u_{\mathrm{sm}}^{i}(t) < -u_{\mathrm{ceq}}^{i}(t)$ 时，子模块处于负投入状态，D4、D5 导通，D3、D6 截止；当 $-u_{\mathrm{ceq}}^{i}(t) \leqslant u_{\mathrm{sm}}^{i}(t) \leqslant u_{\mathrm{ceq}}^{i}(t)$ 时，子模块处于截止状态，所有二极管全部截止。

对比全桥子模块闭锁模式中不同工作状态的戴维南模型。等效电阻包括 $R_{\mathrm{ON}}^{\mathrm{FB}}$ 和 $R_{\mathrm{OFF}}^{\mathrm{FB}}$ 两种形式，等效电压包括 $u_{\mathrm{FB}}^{i}(t)$、$-u_{\mathrm{FB}}^{i}(t)$ 和 0 共三种形式。全桥子模块正投入状态和负投入状态下具有相同的等效电阻 $R_{\mathrm{ON}}^{\mathrm{FB}}$，等效电压的绝对值相同，仅存正负号差别。

采用基于虚拟二极管模型的等效方法亦可实现桥臂全桥子模块闭锁高效仿真，然而全桥子模块虚拟二极管模型的数量更多，基于虚拟二极管模型的等效方式仍非最优。本书充分利用全桥子模块闭锁的特性，直接模拟全桥子模块的闭锁工作状态，并设计电压充电函数，插值求解全桥子模块状态的变化时间，改变全桥子模块的闭锁工作状态。

由于同一桥臂全桥子模块的电流一致，因此同一桥臂内的全桥子模块具有相同的闭锁工作状态。将所有全桥子模块电容串联，获得图 1-57 所示的桥臂全桥子模块闭锁等效模型。其中，开关 S1 闭合至 a 代表截止状态；开关 S1 闭合至 b，

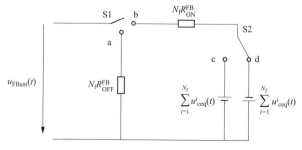

图 1-57　桥臂全桥子模块闭锁等效模型

开关 S2 闭合至 c 代表正投入状态；开关 S1 闭合至 b，开关 S2 闭合至 d 代表负投入状态。图中 $u_{\text{FBsm}}(t)$ 为桥臂所有全桥子模块的外界电压。

上述等效模型能够准确模拟桥臂全桥子模块的闭锁工作状态。为准确模拟全桥子模块的闭锁工作状态切换，设计如图 1-58 所示的插值算法。

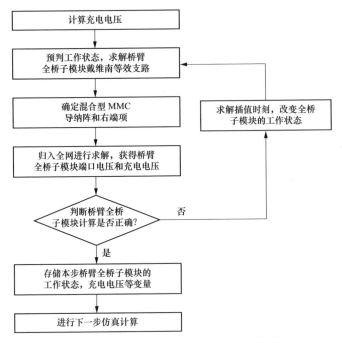

图 1-58 桥臂全桥子模块闭锁仿真流程图

1）根据式（1-58）获得充电电压 $u_{\text{charge}}(t)$。

$$u_{\text{charge}}(t) = u_{\text{FBsm}}^{2}(t) - \left[\sum_{i=1}^{N_{\text{f}}} u_{\text{ceq}}^{i}(t) \right]^{2} \tag{1-58}$$

2）采用历史状态预判本步全桥子模块的工作状态，确定桥臂全桥子模块的戴维南支路。

3）确定混合型 MMC 的导纳阵和右端项。

4）将混合型 MMC 归入全网进行求解，根据 MMC 各节点电压求解桥臂全桥子模块端口电压 $u_{\text{FBsm}}(t)$ 和充电电压 $u_{\text{charge}}(t)$。

5）判断各桥臂全桥子模块本步计算是否正确。

若预判全桥子模块工作状态为正投入，则存在以下几种情形：

a. $u_{\text{charge}}(t) > 0$ 且 $u_{\text{FBsm}}(t) > 0$，则预判正确。

b. $u_{charge}(t)>0$ 且 $u_{FBsm}(t)\leqslant 0$，则预判错误，插值寻找 $u_{FBsm}(t)$ 过零点 t_-，在 t_- 时刻再次进行计算，确定全桥子模块截止时刻。

c. $u_{charge}(t)\leqslant 0$，则预判错误，该桥臂全桥子模块工作状态应为截止，由于 $u_{charge}(t-\Delta T)>0$，如图 1-59（a）所示，插值寻找 $u_{charge}(t)$ 过零点 t_+，在 t_+ 时刻修改全桥子模块工作状态为截止，基于多步变步长后退欧拉法重新进行计算。

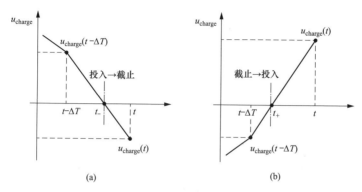

图 1-59　全桥子模块插值原理图

（a）插值计算截止时刻；（b）插值计算投入时刻

若预判全桥子模块工作状态为负投入，则存在以下几种情形：

a. $u_{charge}(t)>0$ 且 $u_{FBsm}(t)\leqslant 0$，则预判正确。

b. $u_{charge}(t)>0$ 且 $u_{FBsm}(t)>0$，则预判错误，插值寻找 $u_{FBsm}(t)$ 过零点 t_-，在 t_- 时刻再次进行计算，确定全桥子模块截止时刻。

c. $u_{charge}(t)\leqslant 0$，则预判错误，该桥臂全桥子模块工作状态应为截止，由于 $u_{charge}(t-\Delta T)>0$，同样如图 1-59（a）所示，插值寻找 $u_{charge}(t)$ 过零点 t_-，在 t_- 时刻修改全桥子模块工作状态为截止，基于多步变步长后退欧拉法重新进行计算。

若预判全桥子模块工作状态为截止，则存在以下几种情形：

a. $u_{charge}(t)\leqslant 0$，则预判正确。

b. $u_{charge}(t)>0$ 且 $u_{FBsm}(t)>0$，则预判错误，采用图 1-59（b）所示的方式，插值寻找 $u_{charge}(t)$ 过零点 t_+，在 t_+ 时刻修改全桥子模块工作状态为正投入，基于多步变步长后退欧拉法重新进行计算。

c. $u_{charge}(t)>0$ 且 $u_{FBsm}(t)\leqslant 0$，则预判错误，如图 1-59（b）所示，插值寻找 $u_{charge}(t)$ 过零点 t_+，在 t_+ 时刻修改全桥子模块工作状态为负投入，基于多步变步长后退欧拉法重新进行计算。

6）混合型 MMC 所有桥臂全桥子模块全部插值计算正确后，本步计算完成，存储各桥臂全桥子模块的历史工作状态、充电电压、子模块外界电压等变量。

7）进行下一步仿真计算。

图 1-57 所示的等效模型能够精确模拟全桥子模块闭锁工作状态，通过求取充电电压和外界电压过零点，获得全桥子模块工作状态切换的准确时间，精确模拟桥臂全桥子模块闭锁工作状态的切换，实现混合型 MMC 桥臂全桥子模块的高精度闭锁仿真。

1.5.2.3　解锁等效方法

上述闭锁仿真方法能够确保高精度、高效率地仿真混合型 MMC 闭锁模式。针对混合型 MMC 解锁运行，将 IGBT 与其反向并联的二极管等效为可变电阻，分别求取半桥子模块和全桥子模块的戴维南等效模型，进行串联叠加，获得混合型 MMC 的桥臂戴维南等效模型。

在解锁模式下，排序均压控制是维持各子模块电容电压平衡，保证混合型 MMC 正常运行的必要手段。但随着子模块数量的增多，排序次数大大增加，排序算法成为影响混合型 MMC 解锁模式仿真效率的关键。

由于全桥子模块具备负投入能力，混合型 MMC 与半桥型 MMC 的调制原理存在差异，t 时刻需投入的子模块数 $N(t)$ 可以为负，此时需根据 i_{arm} 方向负投入电容电压最大或最小的 $-N(t)$ 个全桥子模块。在不降低混合型 MMC 仿真精度的前提下，研究灵活堆排序的电容电压排序算法，排序算法原理如下：

（1）对桥臂全部子模块编号，前 N_h 为半桥子模块，N_h+1，…，N 为全桥子模块。

（2）根据调制环节输出的导通信号 $N(t)$，确定初始堆的规模，区分堆中子模块和堆外子模块。

1）若 $N(t)<-N_f/2$，则将 1，2，…，N_h 的半桥子模块退出，再依次将编号为 N_h+1，…，$N+N(t)$ 的子模块放入堆中，构建元素数量为 $N_f+N(t)$ 的初始堆。堆外元素为 $N+N(t)+1$，…，N 共 $N(t)$ 个全桥子模块。

2）若 $-N_f/2 \leqslant N(t)<0$，则将 1，2，…，N_h 的半桥子模块退出，再依次将编号为 N_h+1，…，$N_h-N(t)$ 的子模块放入堆中，构建元素数量为 $-N(t)$ 的初始堆。堆外子模块编号为 $N_h-N(t)+1$，…，N，共 $N_f+N(t)$ 个全桥子模块。

3）若 $0 \leqslant N(t)<N/2$，则依次将编号为 1，2，…，$N(t)$ 的子模块放入堆中，构建元素数量为 $N(t)$ 的初始堆。堆外子模块编号为 $N(t)+1$，…，N，共 $N-N(t)$ 个子模块。

4) 若 $N(t) \geqslant N/2$，则依次将编号为 1，2，$\cdots$，$N-N(t)$ 的子模块放入堆中，构建元素数量为 $N-N(t)$ 的初始堆。堆外子模块编号为 $N-N(t)+1$，$\cdots$，N，共 $N(t)$ 个子模块。

（3）根据 i_{arm} 方向和 $N(t)$ 取值，确定初始堆的性质。

若 $i_{arm} \geqslant 0$ 且 $N(t) \subset [-N_f, -N_f/2) \cup [0, N/2)$，则构建的初始堆为大顶堆。

若 $i_{arm} \geqslant 0$ 且 $N(t) \subset [-N_f/2, 0) \cup [N/2, N]$，则构建的初始堆为小顶堆。

若 $i_{arm} < 0$ 且 $N(t) \subset [-N_f, -N_f/2) \cup [0, N/2)$，则构建的初始堆为小顶堆。

若 $i_{arm} < 0$ 且 $N(t) \subset [-N_f/2, 0) \cup [N/2, N]$，则构建的初始堆为大顶堆。

（4）将堆外子模块编号指向的电容电压依次与堆顶根节点子模块编号指向的电容电压比较。

以大顶堆为例，若根节点子模块编号指向的电容电压大于堆外子模块编号指向的电容电压，则交换根节点子模块与堆外子模块编号，并更新大顶堆结构，确保堆内子模块满足大顶堆性质。若根节点子模块编号指向的电容电压小于堆外子模块编号指向的电容电压，则继续与下一个堆外子模块比较。

（5）将根节点子模块与堆外子模块比较完成后，根据 $N(t)$ 确定需投入的子模块编号。

1) 若 $-N_f/2 \leqslant N(t) \leqslant N/2$，则确定堆内子模块投入，堆外子模块退出。

2) 若 $N(t) < -N_f/2$ 或 $N(t) > N/2$，则确定堆内子模块退出，堆外子模块投入。

基于灵活堆排序的电容电压排序算法，在不影响子模块投切效果的前提下，省去不必要的排序，提升混合型 MMC 电磁暂态模型的计算效率。

1.5.3　仿真验证

在由中国电力科学研究院独立研究开发的 PSModel 电磁暂态仿真软件中，基于提出的混合型 MMC 全状态高效电磁暂态仿真方法，开发混合型 MMC 电磁暂态模型（简称 PSModel 高效模型），通过测试 PSModel 高效模型的精度和速度，验证本书提出的混合型 MMC 全状态高效电磁暂态仿真方法的正确性和高效性。

1.5.3.1　桥臂全桥子模块闭锁仿真方法验证

首先测试桥臂全桥子模块闭锁仿真方法的效率和精度。在 PSModel 仿真平台中，基于虚拟二极管模型，采用如图 1-60 所示的全桥子模块闭锁等效方法，开发混合型 MMC 电磁暂态对照模型（简称 PSModel 对照模型）。并在 PSModel

柔性直流输电仿真模型及特性分析

仿真平台中搭建如图 1-61 所示的 VSC-Based HVDC Transmission System （Detailed Model）标准算例，系统参数如表 1-14 和表 1-15 所示。整流侧采用定有功功率、定无功功率控制，逆变侧采用定直流电压、定无功功率控制策略。

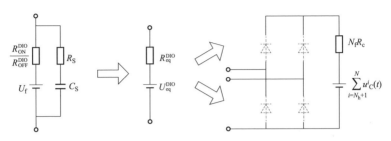

图 1-60　基于虚拟二极管的桥臂全桥子模块闭锁等效方法

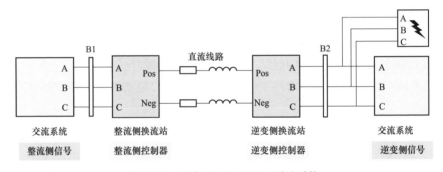

图 1-61　双端 MMC-HVDC 测试系统

表 1-14　　　　　　　　　仿真算例电气系统参数

参数	数值	参数	数值
交流电网电压（kV）	230	桥臂电感（mH）	47.75
交流电网等值电阻（Ω）	13.79	子模块电容（μF）	120
交流系统等值电感（mH）	62.23	直流侧平波电抗电感值（mH）	8
直流电压（kV）	200	直流侧平波电抗电阻值（mΩ）	25.1

表 1-15　　　　　　　　　仿真算例控制系统参数

参数	数值	参数	数值
定直流电压控制比例系数	2	定有功功率控制比例系数	3
定直流电压控制积分系数	40	定有功功率控制比例系数	3
定无功功率控制比例系数	0	电流内环控制比例系数	0.6
定无功功率控制积分系数	20	电流内环控制积分系数	6

　　设置 N_h 为 0，N_f 为 200。闭锁时长为 1s。仿真步长分别设置为 2、5、10、

50 和 100μs。分别采用 PSModel 高效模型和 PSModel 对照模型进行仿真，对比仿真用时和误差。

表 1-16 显示了 PSModel 高效模型与 PSModel 对照模型的仿真用时及误差。将 PSModel 对照模型仿真用时与 PSModel 高效模型仿真用时作差，再除以 PSModel 高效模型仿真用时，定义为提速效率。在不同仿真步长下，PSModel 高效模型和 PSModel 对照模型的桥臂电流误差在 0.1% 以内，但 PSModel 高效模型的计算速度明显快于 PSModel 对照模型，提速效率在 40% 以上。因此书中提出的桥臂全桥子模块闭锁仿真方法在保证混合型 MMC 仿真精度的同时，显著提高了计算效率。

表 1-16　　PSModel 高效模型与 PSModel 对照模型的仿真用时及误差

仿真步长（μs）	PSModel 高效模型（s）	PSModel 对照模型（s）	桥臂电流误差	提速效率
2	46.65	66.76	0.08%	43.11%
5	20.40	30.51	0.09%	49.56%
10	8.66	15.87	0.09%	83.25%
50	2.98	4.19	0.08%	40.60%
100	1.13	2.44	0.09%	115.93%

1.5.3.2　模型准确性测试

为测试 PSModel 高效模型的精度，在 Matlab 仿真平台中开发如图 1-51 所示的 MMC 详细模型（简称 Matlab 详细模型），并搭建如图 1-61 所示的测试系统，系统参数如表 1-14 和表 1-15 所示。

在 PSModel 和 Matlab 平台中，均设置 N_h 为 2，N_f 为 2，采用 2μs 仿真步长，模拟 0.1s 逆变侧解锁，0.3s 整流侧解锁，3s 整流侧有功功率指令值由 1（标幺值）阶跃为 0.8（标幺值），4s 逆变侧交流系统近区发生三相短路故障，4.12s 故障恢复。对比 PSModel 高效模型和 Matlab 详细模型的计算结果。

PSModel 高效模型与 Matlab 详细模型的输出波形如图 1-62 所示，其中绿色曲线为 Matlab 详细模型计算结果，红色曲线为 PSModel 高效模型的计算结果。图 1-62（b）突出显示了闭锁瞬间直流电压波形；图 1-62（c）突出显示了交流故障瞬间直流电流波形。表 1-17 统计了混合型 MMC 闭锁、故障、阶跃响应等状态下，PSModel 高效模型与 Matlab 详细模型的最大仿真误差。

图 1-62 与表 1-17 表明，在混合型 MMC 闭锁、故障、阶跃响应等状态下，PSModel 高效模型的计算结果均与 Matlab 详细模型高度一致，仿真精度误差在

0.1%左右。

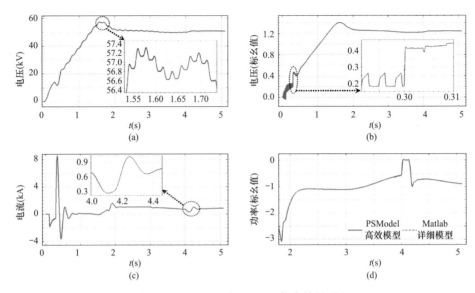

图 1-62 PSModel 与 Matlab 仿真结果对比

（a）混合型 MMC 子模块电容电压波形；（b）整流侧直流电压；

（c）整流侧直流电流；（d）逆变侧有功功率波形

表 1-17   仿 真 误 差 对 比

物理量	闭锁误差	故障误差	阶跃误差
子模块电容电压	0.017	0.006	0.018
直流电压	0.024	0.007	0.007
直流电流	0.083	0.101	0.017
有功功率	0.029	0.091	0.089

1.5.3.3 模型速度测试

为测试 PSModel 高效模型的计算速度，在 PSCAD/EMTDC Professional V4.6.3 平台中，利用 MMC 戴维南等效模型（简称 PSCAD 等效模型），搭建如图 1-61 所示的测试系统，系统参数如表 1-14 和表 1-15 所示。PSModel 和 PSCAD 平台中均采用 $10\mu s$ 的仿真步长，运行在 Intel i7-6500 CPU（主频为 2.5GHz）。设置 N_h 为 40，N_f 为 160，对比典型波形。

PSModel 高效模型与 PSCAD 等效模型的计算结果如图 1-63 所示，其中，红色曲线为 PSModel 高效模型，绿色曲线为 PSCAD 等效模型。图 1-63 表明无论是直流侧还是交流侧，PSModel 高效模型与 PSCAD 等效模型的计算结果基本一致。

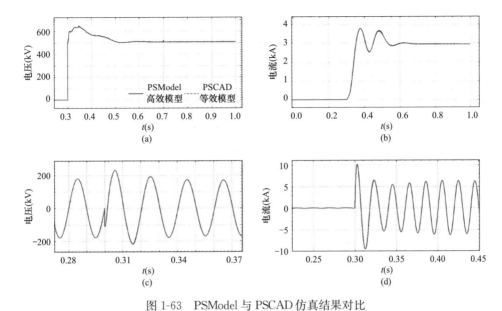

图 1-63　PSModel 与 PSCAD 仿真结果对比

(a) 直流电压波形；(b) 直流电流波形；(c) 交流电压波形；(d) 交流电流波形

为了验证本书提出的混合型 MMC 全状态高效电磁暂态仿真方法的快速性，基于上述两端 MMC-HVDC 测试系统，采用 $10\mu s$ 仿真步长，仿真时间为 2s，其中混合型 MMC 闭锁模式运行 1s，解锁运行 1s。分别采用表 1-18 所示的半桥子模块和全桥子模块数量，统计 PSModel 高效模型和 PSCAD 等效模型闭锁模式和解锁模式的仿真时间。

表 1-18　　　　　　　　　　MMC 测试系统仿真用时

半桥子模块数（个）	全桥子模块数（个）	PSCAD 等效模型仿真时间（s）		PSModel 高效模型仿真时间（s）	
		闭锁	解锁	闭锁	解锁
2	2	11.55	59.12	3.38	1.88
4	4	14.52	79.43	3.98	2.74
8	8	20.81	99.97	4.10	3.23
20	20	32.92	135.36	4.57	4.96
40	40	57.88	149.04	5.53	8.99
80	80	91.54	215.74	7.22	19.65
200	200	224.98	334.51	13.33	42.27
400	400	399.97	575.77	21.78	103.45

表 1-19 为去除混合型 MMC 模型后，PSModel 和 PSCAD 仿真软件对测试系统其余部分的（交流电源、线路、变压器和控制系统等）仿真时间。无论仿真时间为 10、20s 或 40s，PSCAD 和 PSModel 仿真软件对其余部分的仿真用时基本一致，差别很小。

表 1-19 　　　　　　　　　　测试系统不含 MMC 的仿真用时 　　　　　　　　　　（s）

仿真时间	PSModel 用时	PSCAD 用时
10	11.09	11.95
20	25.54	25.08
40	43.24	42.52

由于 PSModel 高效模型和 PSCAD 等效模型的实现方法不同，如表 1-18 所示，含混合型 MMC 后，PSModel 与 PSCAD 的测试系统仿真用时差别很大。对比 PSCAD 等效模型和 PSModel 高效模型闭锁模式的仿真时间，PSModel 高效模型基于书中提出的闭锁等效方法，闭锁模式的仿真效率远高于 PSCAD 等效模型。对比 PSCAD 和 PSModel 解锁模式计算时间，在子模块数量较少时，PSCAD 等效模型的二极管的插值计算和模型内部节点是影响仿真效率的主要因素，PSModel 高效模型在解锁模式下避免了不必要的插值计算，省去了内部节点，因此提速结果更加明显。在子模块数量较多时，排序算法是影响计算效率的主要因素，PSModel 高效模型采用了灵活堆排序算法，与 PSCAD 快速排序算法相比，计算效率也有较大提升。

无论闭锁还是解锁模式，PSModel 高效模型具备高仿真精度的同时，计算速度明显快于 PSCAD 等效模型。因此，本书提出的混合型 MMC 全状态高效电磁暂态仿真方法合理高效，更适用于大电网全电磁仿真计算。

1.6　柔性直流小干扰稳定分析模型及阻尼控制器设计

1.6.1　柔性直流小干扰稳定建模

1.6.1.1　小干扰稳定分析方法

电力系统在运行过程中常常遭受到小的扰动，例如负荷的随机波动、风吹引起架空线路线间距离变化从而导致线路电抗变化等。系统在小扰动作用下所产生的振荡如果能够被抑制，则系统是稳定的，若振荡幅值不断增大或无限维持下去，则系统是不稳定的。

分析电力系统遭受小扰动后的稳定性，通常采用李亚普诺夫线性化方法。将描述电力系统动态特性的微分—代数方程在稳态运行点处进行线性化，即

$$\begin{bmatrix} \dfrac{\mathrm{d}\Delta\boldsymbol{X}}{\mathrm{d}t} \\ \boldsymbol{0} \end{bmatrix} = \begin{bmatrix} \widetilde{\boldsymbol{A}} & \widetilde{\boldsymbol{B}} \\ \widetilde{\boldsymbol{C}} & \widetilde{\boldsymbol{D}} \end{bmatrix} \begin{bmatrix} \Delta\boldsymbol{X} \\ \Delta\boldsymbol{Y} \end{bmatrix}_{\boldsymbol{X}=\boldsymbol{X_0},\,\boldsymbol{Y}=\boldsymbol{Y_0}} \tag{1-59}$$

消去上式中的非状态变量 $\Delta\boldsymbol{Y}$，可得

$$\frac{\mathrm{d}\Delta\boldsymbol{X}}{\mathrm{d}t} = \boldsymbol{A}\,\Delta\boldsymbol{X} \tag{1-60}$$

式中 $\boldsymbol{A} = \widetilde{\boldsymbol{A}} - \widetilde{\boldsymbol{B}}\,\widetilde{\boldsymbol{D}}^{-1}\,\widetilde{\boldsymbol{C}}$ 为系统的状态矩阵。通过对系统状态矩阵 $\boldsymbol{A}$ 的特征根分析，可以获得系统在稳态运行点（$\boldsymbol{X_0}$，$\boldsymbol{Y_0}$）的小干扰稳定特性。

1.6.1.2 VSC 与交流系统接口的线性化方程

与图 1-1 所示机电暂态模型对应，双端 VSC-HVDC 系统的小干扰稳定模型如图 1-64 所示。下角标"0"，代表与各物理量所对应的稳态值；符号"Δ"，则表示各物理量的小干扰变化量。为讨论方便，以下公式中将省略与各物理量稳态值对应的下角标"0"。

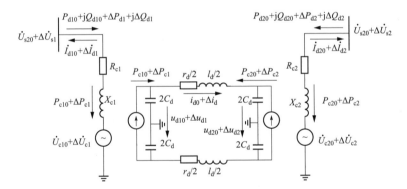

图 1-64 双端 VSC-HVDC 的小干扰稳定模型

稳态运行时，VSC 输出交流电压的基波相量如式所示，其中，δ_s 为交流母线电压 $\dot{U}_s$ 在同步旋转 xy 坐标系统中角度，可以表示为

$$\tan\delta_s = \frac{U_{sy}}{U_{sx}} \tag{1-61}$$

其中，U_{sx}、U_{sy} 分别为 $\dot{U}_s$ 在实轴 x 和虚轴 y 上的相应分量。

将式（1-61）代入式（1-1），可得换流器出口电压的实部和虚部分量分别为

$$
\begin{cases}
U_{cx} = \dfrac{\mu M}{\sqrt{2}} u_d \left(\dfrac{U_{sx}}{U_s}\cos\delta + \dfrac{U_{sy}}{U_s}\sin\delta \right) \\[3mm]
U_{cy} = \dfrac{\mu M}{\sqrt{2}} u_d \left(\dfrac{U_{sy}}{U_s}\cos\delta - \dfrac{U_{sx}}{U_s}\sin\delta \right)
\end{cases}
\tag{1-62}
$$

线性化方程式，可得 VSC 出口电压线性化方程为

$$
\begin{aligned}
\Delta U_{cx} = {} & \frac{\mu M}{\sqrt{2}} \left(\frac{U_{sx}}{U_s}\cos\delta + \frac{U_{sy}}{U_s}\sin\delta \right) \Delta u_d + \frac{\mu}{\sqrt{2}} u_d \left(\frac{U_{sx}}{U_s}\cos\delta + \frac{U_{sy}}{U_s}\sin\delta \right) \Delta M + \\[2mm]
& \frac{\mu M}{\sqrt{2}} u_d \left(-\frac{U_{sx}}{U_s}\sin\delta + \frac{U_{sy}}{U_s}\cos\delta \right) \Delta\delta + \frac{\mu M}{\sqrt{2}} u_d \frac{U_{sy}^2\cos\delta - U_{sx}U_{sy}\sin\delta}{U_s^3} \Delta U_{sx} + \\[2mm]
& \frac{\mu M}{\sqrt{2}} u_d \frac{U_{sx}^2\sin\delta - U_{sx}U_{sy}\cos\delta}{U_s^3} \Delta U_{sy}
\end{aligned}
\tag{1-63}
$$

$$
\begin{aligned}
\Delta U_{cy} = {} & \frac{\mu M}{\sqrt{2}} \left(\frac{U_{sy}}{U_s}\cos\delta - \frac{U_{sx}}{U_s}\sin\delta \right) \Delta u_d + \frac{\mu}{\sqrt{2}} u_d \left(\frac{U_{sy}}{U_s}\cos\delta - \frac{U_{sx}}{U_s}\sin\delta \right) \Delta M + \\[2mm]
& \frac{\mu M}{\sqrt{2}} u_d \left(-\frac{U_{sy}}{U_s}\sin\delta - \frac{U_{sx}}{U_s}\cos\delta \right) \Delta\delta - \frac{\mu M}{\sqrt{2}} u_d \frac{U_{sy}^2\sin\delta + U_{sx}U_{sy}\cos\delta}{U_s^3} \Delta U_{sx} + \\[2mm]
& \frac{\mu M}{\sqrt{2}} u_d \frac{U_{sx}^2\cos\delta + U_{sx}U_{sy}\sin\delta}{U_s^3} \Delta U_{sy}
\end{aligned}
\tag{1-64}
$$

由式（1-2）可导出 VSC 注入其交流母线电流的实部和虚部分量为

$$
\begin{cases}
I_{dx} = Y(U_{cx} - U_{sx})\sin\alpha + Y(U_{cy} - U_{sy})\cos\alpha \\[2mm]
I_{dy} = Y(U_{cy} - U_{sy})\sin\alpha - Y(U_{cx} - U_{sx})\cos\alpha
\end{cases}
\tag{1-65}
$$

线性化方程式，可得 VSC 注入交流母线电流的线性化方程式

$$
\begin{cases}
\Delta I_{dx} = Y\sin\alpha\,\Delta U_{cx} + Y\cos\alpha\,\Delta U_{cy} - Y\sin\alpha\,\Delta U_{sx} - Y\sin\alpha\,\Delta U_{sy} \\[2mm]
\Delta I_{dy} = -Y\cos\alpha\,\Delta U_{cx} + Y\sin\alpha\,\Delta U_{cy} + Y\cos\alpha\,\Delta U_{sx} - Y\sin\alpha\,\Delta U_{sy}
\end{cases}
\tag{1-66}
$$

式（1-63）、式（1-64）和式（1-66）即构成了 VSC 与交流系统接口的线性化方程。可以看出，VSC 输出电压的扰动量，由直流系统变量、控制系统变量以及交流母线电压的扰动量共同决定；VSC 注入交流母线电流的扰动量，由 VSC 出口电压扰动量和交流母线电压扰动量共同决定。

1.6.1.3 内部直流系统动态线性化方程

线性化方程式（1-4），可导出 VSC-HVDC 直流输电系统的动态线性化方程，即

$$
\begin{cases}
\Delta\dot{u}_{d1} = \dfrac{1}{Z_c}\left(\dfrac{1}{u_{d1}}\Delta P_{c1} - \dfrac{P_{c1}}{u_{d1}^2}\Delta u_{d1} - \Delta i_d\right) \\[3mm]
\Delta\dot{u}_{d2} = \dfrac{1}{Z_c}\left(\dfrac{1}{u_{d2}}\Delta P_{c2} - \dfrac{P_{c2}}{u_{d2}^2}\Delta u_{d2} + \Delta i_d\right) \\[3mm]
\Delta\dot{i}_d = \dfrac{1}{Z_l}(\Delta u_{d1} - \Delta u_{d2} - r_d\Delta i_d)
\end{cases}
\tag{1-67}
$$

式中

$$
\begin{cases}
\Delta P_{c1} = -(\Delta U_{cx1}I_{sx1} + \Delta U_{cy1}I_{sy1} + U_{cx1}\Delta I_{sx1} + U_{cy1}\Delta I_{sy1}) \\
\Delta P_{c2} = -(\Delta U_{cx2}I_{sx2} + \Delta U_{cy2}I_{sy2} + U_{cx2}\Delta I_{sx2} + U_{cy2}\Delta I_{sy2})
\end{cases}
\tag{1-68}
$$

1.6.1.4　控制系统线性化方程

对应图 1-2 所示控制系统，忽略模拟 VSC 输出响应延时的一阶惯性环节，则各控制器线性化微分方程分别为

$$
\begin{cases}
\Delta\dot{x}_1 = \dfrac{1}{T_{mP}}(\Delta P_d - \Delta x_1) \\[3mm]
\Delta\dot{\delta} = -\dfrac{1}{T_P}(\Delta P_{dmp} - \Delta x_1) - \dfrac{K_P}{T_{mp}}(\Delta P_d - \Delta x_1) \\[3mm]
\Delta P_d = -(\Delta U_{sx}I_{sx} + \Delta U_{sy}I_{sy} + U_{sx}\Delta I_{sx} + U_{sy}\Delta I_{sy})
\end{cases}
\tag{1-69}
$$

$$
\begin{cases}
\Delta\dot{x}_2 = \dfrac{1}{T_{mQ}}(\Delta Q_d - \Delta x_2) \\[3mm]
\Delta\dot{M} = -\dfrac{\Delta x_2}{T_Q} - \dfrac{K_Q}{T_{mQ}}(\Delta Q_s - \Delta x_2) \\[3mm]
-\Delta Q_d = \Delta U_{sy}I_x - \Delta U_{sx}I_y + U_{sy}\Delta I_x - U_{sx}\Delta I_y
\end{cases}
\tag{1-70}
$$

$$
\begin{cases}
\Delta\dot{x}_3 = \dfrac{1}{T_{mU}}(\Delta U_s - \Delta x_3) \\[3mm]
\Delta\dot{M} = -\dfrac{x_3}{T_U} - \dfrac{K_U}{T_{mU}}(\Delta U_s - \Delta x_3) \\[3mm]
\Delta U_s = \dfrac{1}{U_s}U_{sx}\Delta U_{sx} + \dfrac{1}{U_s}U_{sy}\Delta U_{sy}
\end{cases}
\tag{1-71}
$$

$$
\begin{cases}
\Delta\dot{x}_4 = \dfrac{1}{T_{mu}}(\Delta u_d - \Delta x_4) \\[3mm]
\Delta\dot{\delta} = -\dfrac{1}{T_u}\Delta x_4 - \dfrac{K_u}{T_{mu}}(\Delta u_d - \Delta x_4)
\end{cases}
\tag{1-72}
$$

综上所述，式（1-63）、式（1-64）和式（1-66）～式（1-72）构成了双端

VSC-HVDC 的小干扰稳定分析的线性化模型，将上述方程写成矩阵的形式为

$$\begin{cases} \Delta \dot{\boldsymbol{X}}_{\text{vsc}} = \boldsymbol{A}_{\text{vsc}} \Delta \boldsymbol{X}_{\text{vsc}} + \boldsymbol{B}_{\text{vsc}} \Delta \boldsymbol{U}_{\text{vsc}} \\ \Delta \boldsymbol{I}_{\text{vsc}} = \boldsymbol{C}_{\text{vsc}} \Delta \boldsymbol{X}_{\text{vsc}} + \boldsymbol{D}_{\text{vsc}} \Delta \boldsymbol{U}_{\text{vsc}} \end{cases} \tag{1-73}$$

其中，$\boldsymbol{A}_{\text{vsc}}$、$\boldsymbol{B}_{\text{vsc}}$、$\boldsymbol{C}_{\text{vsc}}$、$\boldsymbol{D}_{\text{vsc}}$ 为系数矩阵。

$$\Delta \boldsymbol{I}_{\text{vsc}} = \left[\Delta I_{\text{dx1}}, \Delta I_{\text{dy1}}, \Delta I_{\text{dx2}}, \Delta I_{\text{dy2}} \right]^{\text{T}} \tag{1-74}$$

$$\Delta \boldsymbol{U}_{\text{vsc}} = \left[\Delta U_{\text{sx1}}, \Delta U_{\text{sy1}}, \Delta U_{\text{sx2}}, \Delta U_{\text{sy2}} \right]^{\text{T}} \tag{1-75}$$

$$\Delta \boldsymbol{X}_{\text{vsc}} = \left[\Delta u_{\text{d1}}, \Delta u_{\text{d2}}, \Delta i_{\text{d}}, \Delta \delta_1, \Delta M_1, \Delta \delta_2, \Delta M_2, \Delta x_{1(1-4)}, \Delta x_{2(1-4)} \right]^{\text{T}} \tag{1-76}$$

式中：$\Delta x_{1(1-4)}$、$\Delta x_{2(1-4)}$ 分别为 VSC1 和 VSC2 选用控制器测量环节的输出中间变量。

系统中发电机、灵活交流输电装置（TCSC、SVC、STATCOM 等）以及高压直流输电系统的小干扰线性化模型可以表示为

$$\begin{cases} \Delta \dot{\boldsymbol{X}}_{\text{gfh}} = \boldsymbol{A}_{\text{gfh}} \Delta \boldsymbol{X}_{\text{gfh}} + \boldsymbol{B}_{\text{gfh}} \Delta \boldsymbol{U}_{\text{gfh}} \\ \Delta \boldsymbol{I}_{\text{gfh}} = \boldsymbol{C}_{\text{gfh}} \Delta \boldsymbol{X}_{\text{gfh}} + \boldsymbol{D}_{\text{gfh}} \Delta \boldsymbol{U}_{\text{gfh}} \end{cases} \tag{1-77}$$

式中：$\Delta \boldsymbol{X}_{\text{gfh}}$、$\Delta \boldsymbol{U}_{\text{gfh}}$ 分别为发电机/FACTS 装置/高压直流输电系统的状态变量和相应交流母线电压的扰动量；$\boldsymbol{A}_{\text{gfh}}$、$\boldsymbol{B}_{\text{gfh}}$、$\boldsymbol{C}_{\text{gfh}}$、$\boldsymbol{D}_{\text{gfh}}$ 为系数矩阵。

将式（1-73）与式（1-74）中的电流线性化方程代入电力网络线性化方程式（1-75），并结合相应的微分线性化方程，即可形成计及 VSC-HVDC 的全系统小干扰线性化模型式（1-78），并进一步可以生成系统的状态矩阵，进行系统的小干扰特征根等特性分析。

$$\begin{bmatrix} \Delta \boldsymbol{I}_{\text{gfh}} \\ \Delta \boldsymbol{I}_{\text{vsc}} \\ \boldsymbol{0} \end{bmatrix} = \begin{bmatrix} \bar{\boldsymbol{Y}}_{\text{gfh-gfh}} & \boldsymbol{Y}_{\text{gfh-vsc}} & \boldsymbol{Y}_{\text{gfh-l}} \\ \boldsymbol{Y}_{\text{vsc-gfh}} & \boldsymbol{Y}_{\text{vsc-vsc}} & \boldsymbol{Y}_{\text{vsc-l}} \\ \boldsymbol{Y}_{\text{l-gfh}} & \boldsymbol{Y}_{\text{l-vsc}} & \boldsymbol{Y}_{\text{l-l}} \end{bmatrix} \begin{bmatrix} \Delta \boldsymbol{U}_{\text{gfh}} \\ \Delta \boldsymbol{U}_{\text{vsc}} \\ \Delta \boldsymbol{U}_{\text{l}} \end{bmatrix} \tag{1-78}$$

1.6.2　基于频域响应辨识的柔性直流附加阻尼控制器设计

1.6.2.1　附加阻尼控制器设计的极点配置方法原理

增加系统振荡阻尼的附加阻尼控制器，其设计方法有基于直接反馈线性化理论的非线性控制、基于神经网络理论的附加阻尼控制、基于模糊理论的模糊控制、自适应抗干扰控制、极点配置法附加阻尼控制以及基于广域相量测量的广域阻尼控制等。其中，极点配置方法设计附加阻尼控制器的基础，是经典控制理论中的根轨迹法则。该设计方法的出发点，认为经附加阻尼控制器校正后的闭环控

制系统具有一对主导共轭极点，系统的暂态响应主要由这一对主导极点的位置决定。通常把对系统性能指标的要求，转化为决定这一对期望主导极点位置参数——阻尼比 ξ 和振荡频率 ω_n 的要求。原开环系统经适当的附加阻尼控制器校正，利用阻尼控制器的零、极点改变原系统的根轨迹形状，使校正后系统根轨迹通过期望的主导极点，或使系统的实际主导极点与期望主导极点接近。

　　开环系统及其附加阻尼控制器的传递函数分别记为 $G(s)$ 和 $H(s)$，由它们构成的闭环系统如图 1-65 所示。

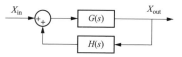

图 1-65　具有附加阻尼
控制器的闭环系统

　　该闭环系统的传递函数 $G_c(s)$ 为

$$G_c(s) = \frac{G(s)}{1 - G(s)H(s)} \qquad (1\text{-}79)$$

式中分母 $1 - G(s)\,H(s)$ 的零点，即为闭环系统的极点。

　　若闭环系统的期望主导极点为 λ_0，则 λ_0 必满足系统的特征方程，即

$$H(\lambda_0) = \frac{1}{G(\lambda_0)} \qquad (1\text{-}80)$$

对应的幅值与相角关系为

$$\begin{cases} |H(\lambda_0)| = \dfrac{1}{|G(\lambda_0)|} \\ \arg[H(\lambda_0)] = -\arg[G(\lambda_0)] \end{cases} \qquad (1\text{-}81)$$

　　因此，附加阻尼控制器 $H(s)$ 在期望极点 λ_0 处的幅值与相位，可通过开环系统 $G(s)$ 在 λ_0 处的幅值与相位求得，并由此可确定附加阻尼控制器中各环节的参数。

1.6.2.2　附加阻尼控制器设计步骤

　　在交直流混联系统中，利用附加阻尼控制器对直流输送的功率进行小信号调制，可以有效增加系统阻尼，抑制交流系统功率振荡。直流小信号功率调制的原理是利用附加阻尼控制器，从与直流并联或并列运行的交流线路上，或从两端交流系统中，提取反映功率振荡的信号，并依此动态调节直流功率，从而到达抑制功率振荡、增加系统阻尼的目的。美国太平洋联络线的交直流并列输电系统是利用直流小信号功率调制的一个成功例子。该系统通过直流小信号功率调制，不但抑制了系统的低频振荡，还使得与直流输电线路并列运行的 500kV 交流输电线路的输送能力大为提高。

　　VSC-HVDC 附加阻尼控制器可配置在定有功功率控制的 VSC 上，其输入信

号可选为与 VSC-HVDC 并联或并列运行的交流输电线路有功功率，输出信号则附加到 VSC 有功设定值之上，以实现对有功功率的调制。

VSC-HVDC 有功功率参考值与其并联或并列交流输电线路有功功率之间的传递函数方框图，如图 1-66 所示。图中，P_{dref}、P_d、P_{ac}、P_{dmp} 分别为 VSC 有功功率设定值、实际值、交流线路功率以及阻尼控制器的输出信号；K_P、T_P、T_{mP} 分别为 VSC 有功比例积分调节器的比例系数和积分时间常数以及 VSC 有功测量时间常数；δ 为 VSC 输出电压相对其交流母线电压的移相角度；$G_1(s)$、$G_2(s)$ 分别为 δ 与 P_d、P_d 与 P_{ac} 之间的传递函数；$G(s)$ 为 P_{dref} 与 P_{ac} 之间的传递函数，即系统的开环传递函数；$H(s)$ 为所设计的 VSC-HVDC 附加阻尼控制器传递函数。

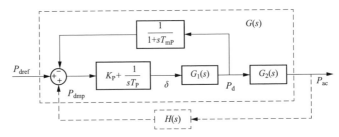

图 1-66   VSC-HVDC 有功设定值与其并联或并列交流线路有功之间的传递函数

从阻尼控制器设计的极点配置方法基本原理可知，系统开环传递函数的求取是运用该方法的基本前提条件。由于交直流混联系统是一个复杂的、高阶的动态系统，即便对于简单的单机系统，利用解析法求取其两端口间的开环传递函数也是十分困难的。系统模型辨识技术，为开环传递函数的求取提供了另一条途径，例如在频域内，可通过输入端口与输出端口间频率响应数据来获取系统的数学模型。

综上所述，利用极点配置法设计 VSC-HVDC 附加阻尼控制器的具体步骤为：

（1）以 VSC-HVDC 中定有功功率控制 VSC 的有功设定值 P_{dref} 为输入端口；交流线路有功功率 P_{ac} 为输出端口，计算两端口间频域响应。

（2）对频域响应数据进行辨识，求取系统开环传递函数 $G(s)$。

（3）依据选取的系统主导特征根期望值 λ_0 以及式（1-77），设计附加阻尼控制器 $H(s)$ 以补偿 $G(s)$ 在 λ_0 处的幅值和相位。

（4）对 VSC-HVDC 配置附加阻尼控制器后的混联系统，进行大扰动非线性仿真，以验证所设计阻尼控制器的有效性。

1.6.2.3 单机交直流混联系统仿真

单机交直流混联仿真算例系统如图 1-67 所示。该系统中，发电机经 VSC-HVDC 交直流并联输电系统向负荷供电，并与无穷大等值系统相连。发电机采用 E_q'、E_q''、E_d'' 变化的五阶模型，负荷采用电压静特性模型。VSC1 采用定有功功率和定无功功率控制，VSC2 采用定直流电压和定无功功率控制。发电机参数为：$x_d = 0.75$（标幺值），$x_d' = 0.306$（标幺值），$x_d'' = 0.196$（标幺值），$x_q'' = 0.196$（标幺值），$T_{d0}' = 5.95s$，$T_{d0}'' = 0.05s$，$T_{q0}'' = 0.05s$，$T_J = 25s$。交流电网参数以及 VSC-HVDC 主电路和控制器参数与 1.1.2.3 所示系统一致。

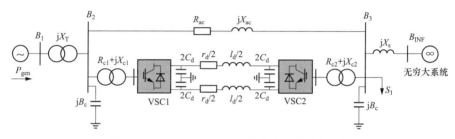

图 1-67 单机 VSC-HVDC 交直流混联输电系统

稳态运行时，发电机输出的有功功率 $P_{gen} = 1.0$（标幺值），VSC1 有功功率和无功功率的参考值分别为：$P_{d1ref} = 0.45$（标幺值），$Q_{d1ref} = 0.0$（标幺值），VSC2 直流电压、无功功率的参考值分别为 $u_{d2ref} = 1.888$（标幺值），$Q_{d2ref} = -0.1$（标幺值），负荷功率 $S_1 = 0.4 + j0.15$（标幺值）。利用小干扰特征根分析，可得该系统机电振荡特征根为 $-0.079 + j3.28$，相应阻尼比 ξ 为 0.024，系统呈现出弱阻尼特性。

以 VSC1 有功功率参考值为输入端，并联交流线路有功功率为输出端，计算系统幅频与相频响应曲线如图 1-68 所示。对该频域响应进行辨识，可得两端口间开环传递函数 $G(s)$ 为

$$G(s) = \frac{7.621s^3 + 281.7s^2 + 276.9s + 5077}{s^4 + 38.16s^3 + 559.9s^2 + 495.5s + 5841} \tag{1-82}$$

开环传递函数 $G(s)$ 幅频与相频特性曲线，如图 1-69 所示，与系统频域响应曲线完全一致。$G(s)$ 的极点为 $\lambda_1 = -19.0 + j13.493$，$\lambda_2 = -0.0799 + j3.278$，其中主导极点 λ_2 与系统特征根计算结果一致。

将配置 VSC-HVDC 附加阻尼控制器后的闭环系统期望主导极点选为 $\lambda_0 = -0.64 + j3.1$，对应系统振荡频率为 0.5Hz，阻尼比为 0.2。将 λ_0 代入开环传递

函数 $G(s)$，则有

$$|G(\lambda_0)| = 1.266$$
$$\arg[G(\lambda_0)] = 44.11°$$

(1-83)

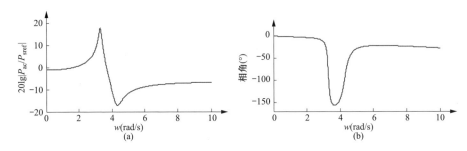

图 1-68　系统频域响应曲线

（a）幅频曲线；（b）相频曲线

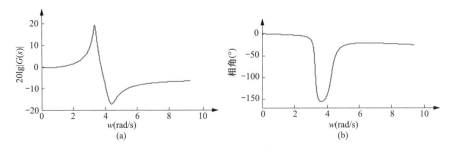

图 1-69　辨识开环传递函数的波特图

（a）幅频曲线；（b）相频曲线

因此，附加阻尼控制器传递函数 $H(s)$ 在期望主导极点 λ_0 处的幅值与相位应当满足

$$|H(\lambda_0)| = 0.79$$
$$\arg[H(\lambda_0)] = -44.11°$$

(1-84)

VSC-HVDC 附加阻尼控制器采用如图 1-70 所示单输入单输出幅值、相位补偿结构，其中，环节①为隔直环节，其作用是消除直流分量或降低测量信号中接近于直流且具有较大时间常数的分量。依据阻尼控制器所满足的幅值、相位补偿关系，可整定各环节参数为 $T_w = 10s$、$K_{VSC} = 0.916$、$T_{dmp} = 0.26s$，阻尼控制器的输出限制设置为 $P_{max} = 0.1$（标幺值）、$P_{min} = -0.1$（标幺值）。

VSC-HVDC 配置附加阻尼控制器后的系统特征根计算表明，机电振荡特征根已转化为 $-0.628 + j3.142$，基本实现了期望目标。

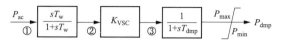

图 1-70　VSC-HVDC 附加阻尼控制器结构

当交流母线 B2 发生接地电抗为 0.05（标幺值）的三相非金属性短路故障，起始时间为 1s，并持续 0.1s，VSC-HVDC 有、无配置附加阻尼控制器两种情况下，仿真计算结果对比如图 1-71 所示。

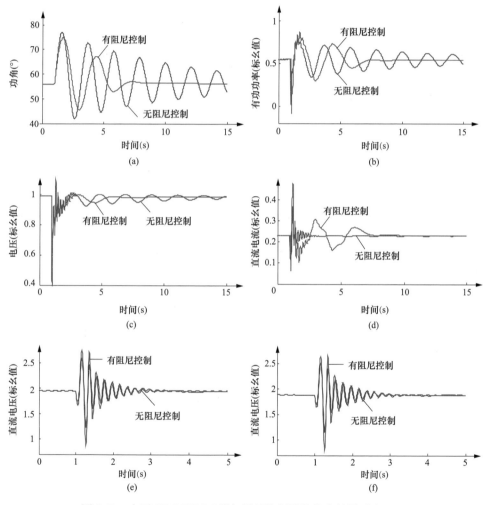

图 1-71　有无 VSC-HVDC 附加阻尼控制器的仿真结果对比（一）

（a）发电机功角；（b）交流线路有功功率；（c）交流母线 B2 电压；（d）VSC-HVDC 直流电流；

（e）VSC1 直流侧电压；（f）VSC2 直流侧电压

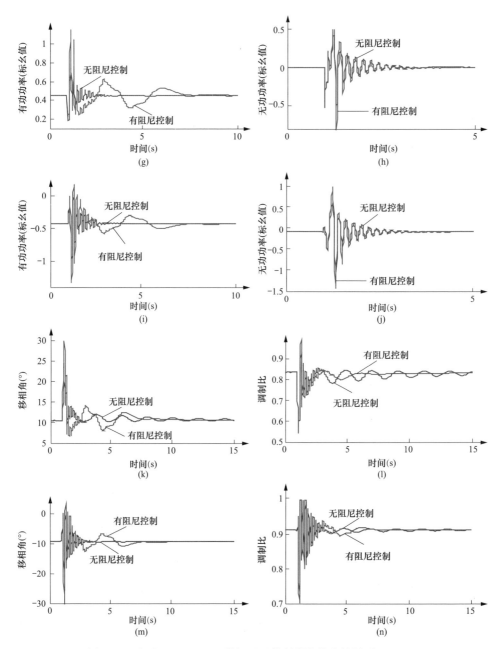

图 1-71 有无 VSC-HVDC 附加阻尼控制器的仿真结果对比（二）

（g）VSC1 交流有功功率；（h）VSC1 交流无功功率；（i）VSC2 交流有功功率；（j）VSC2 交流无功功率；
（k）VSC1 移相角度；（l）VSC1 调制比；（m）VSC2 移相角度；（n）VSC2 调制比

从仿真计算结果可以看出，VSC-HVDC 配置附加阻尼控制器，故障扰动后通过调制直流有功功率，系统阻尼可得到明显增强。扰动后发电机功角、交流线路有功以及交流母线电压的振荡，均可得到快速抑制。

由于 VSC-HVDC 直流侧具有定直流电压控制，且各换流器直流侧电气联系紧密，因此，故障扰动后直流具有稳定的电压水平。VSC-HVDC 输送的有功调制功率，主要通过直流电流的相应变化来实现。

参考文献

[1] 中国电力科学研究院. 电力系统分析综合程序 7.1 版用户自定义（UD）模型用户手册 [R]. 北京：中国电力科学研究院，2013.

[2] 王锡凡，方万良，杜正春. 现代电力系统分析 [M]. 北京：科学出版社，2003.

[3] CRESAP R L，SCOTT D N，MITTELSTADT W A，et al. Operating experience with modulation of the Pacific HVDC Inter-tie [J]. IEEE transaction on power apparatus and system，1978，97（4）：1053-1059.

[4] 金以慧，方崇智. 过程控制 [M]. 北京：清华大学出版社，2003.

[5] GNANARATHNA U N，GOLE A M，JAYASINGHE R P. Efficient modeling of modular multilevel HVDC converters（MMC）on electromagnetic transient simulation programs [J]. IEEE transactions on power delivery，2011，26（1）：316-324.

[6] 徐政. 柔性直流输电系统 [M]. 北京：机械工业出版社，2000：378-379.

[7] DOMMEL H W. 电力系统电磁暂态计算理论 [M]. 李永庄，林集明，曾昭华，译. 北京：水利电力出版社，1991：14-17.

[8] 许建中. 模块化多电平换流器电磁暂态高效建模方法研究 [D]. 北京：华北电力大学，2014.

[9] 刘文焯，汤涌，侯俊贤，等. 考虑任意重事件发生的多步变步长电磁暂态仿真算法 [J]. 中国电机工程学报，2009，29（34）：9-15.

[10] GRAMMATIKAKIS M D，LIESCHE S. Priority queues and sorting methods for parallel simulation [J]. IEEE transactions on software engineering，2000，26（5）：401-422.

[11] 唐庚，徐政，刘昇. 改进式模块化多电平换流器快速仿真方法 [J]. 电力系统自动化，2014，38（24）：56-61，85.

[12] 罗雨，饶宏，许树楷，等. 级联多电平换流器的高效仿真模型 [J]. 中国电机工程学报，2014，34（15）：2346-2352.

[13] 许建中，李承昱，熊岩，等. 模块化多电平换流器高效建模方法研究综述 [J]. 中国电机工程学报，2015，35（13）：3381-3392.

[14] 连攀杰，刘文焯，汤涌，等. 模块化多电平换流器的高效电磁暂态仿真方法研究 [J]. 中国电机工程学报，2020，40（24）：7980-7989.

[15] GNANARATHNA U N，GOLE A M，JAYASINGHE R P. Efficient modeling of modular multilevel HVDC converters（MMC）on electromagnetic transient simulation programs [J]. IEEE transactions on power delivery，2011，26（1）：316-324.

2　电压源换流器等效仿真模型及其应用

2.1　电压源换流器等效仿真模型及验证

2.1.1　等效仿真模型

如图 1-37 所示 VSC 采用脉宽调制控制，三角载波与调制正弦信号波进行数值对比，在交点处控制全控型器件的导通与关断。当直流电压为 u_d 时，将在换流桥出口生成幅值为正负 $u_\mathrm{d}/2$ 的电压脉冲序列。设调制信号波为 $M\sin(2\pi f_\mathrm{r}t - \delta)$，则换流桥出口电压脉冲序列中对应频率 f_r 的分量为

$$u_\mathrm{c} = M\frac{u_\mathrm{d}}{2}\sin(2\pi f_\mathrm{r}t - \delta) \tag{2-1}$$

式中：M 和 δ 分别为 PWM 的控制变量，即调制比和移相角度。可以看出通过调节 M 和 δ，可达到对换流桥出口电压幅值与相位的控制。

由于使用载波对正弦信号波调制，因此换流桥输出电压中含有与载波频率相关的谐波分量。当三角载波频率为 f_c 时，VSC 输出相电压中所含谐波分量的频率 f_h 为

$$f_\mathrm{h} = nf_\mathrm{c} + kf_\mathrm{r} \tag{2-2}$$

式中：当 $n=1,3,5,\cdots$ 时，$k=0,2,3,\cdots$；当 $n=2,4,6,\cdots$ 时，$k=1,3,5,\cdots$。以 $f_\mathrm{c}=1620\mathrm{Hz}$、$M=0.8$ 为例，并以 60Hz 分量的幅值为基准，换流桥输出电压谐波幅值百分比如图 2-1 所示。从图中可以看出，换流桥输出电压中不含有低次谐波分量，只含有载波频率 f_c 及 $2f_\mathrm{c}$ 等及其附近的谐波。

从式（2-2）可看出，换流桥出口电压的幅值与相位可通过 PWM 的调制比和移相角度进行控制，因此对于交流侧，VSC 具有幅值、相位均可控的受控电压源特性。另外，在含有 VSC 的仿真计算中，通常可将换流桥的损耗等效并入换流变压器的电阻中，换流变压器二次侧的有功功率 P_c 将无损耗地注入到直流

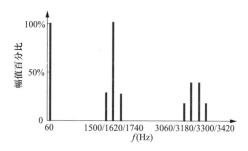

图 2-1　VSC 输出电压的谐波特性

侧。由换流桥交直流两侧的有功平衡关系可得

$$i_{d} = P_{c}/u_{d} = \sum_{x=a,b,c} U_{cx} I_{cx}/u_{d} \tag{2-3}$$

式中：i_d 为 VSC 直流侧电流；U_{cx}、I_{cx} 分别为换流变压器二次侧的电压和电流。从式（2-3）可以看出，对于直流侧 VSC 具有受控电流源特性，其电流大小由 P_c 和 u_d 共同决定。

利用受控电压源和受控电流源模拟的 VSC 等效仿真模型如图 2-2 所示。该模型中除了用受控电压源和电流源代替全控型换流桥外，其余部件与电路仿真模型完全相同。图中，锁相环为控制系统提供交流母线电压相位 δ_s；控制系统则采用如图 1-2 所示的比例积分控制器。

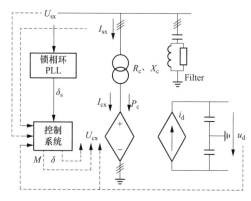

图 2-2　受控源模拟的 VSC 等效仿真模型

2.1.2　有效性分析与验证

由式（2-2）可知，次同步频率范围内的正弦调制信号波，从换流桥输出电压与调制正弦信号波的关系上看，VSC 可被视为理想的线性放大器，放大倍数

为 $u_d/2$，且输出电压中仅含有与载波频率相关高次谐波分量，无次同步频率范围内的谐波分量。式（2-3）体现的是交直流两侧的有功平衡，不依赖于频率。因此用受控源模拟的 VSC 等效仿真模型可精确地满足次同步频率范围内的分析需要。为进一步验证 VSC-HVDC 等效仿真模型在次同步频率范围内的有效性，利用电磁暂态仿真软件 PSCAD/EMTDC 建立双端 VSC-HVDC 电路模型和等效仿真模型。其中 VSC_1 采用 P_d-Q_d 控制，VSC_2 采用 u_d-Q_d 控制。

当 VSC-HVDC 稳态运行时，在 VSC1 的三相交流母线电压中叠加如式（2-4）所示的小信号电压分量 Δu_{sx}^{sgl}，即

$$\Delta u_{sx}^{sgl} = \sum_{f=5}^{55} u_{sm} \sin\left(2\pi ft - \frac{2\pi}{3}i\right) \tag{2-4}$$

式中，与 $x=a$、b、c 相对应，i 的取值分别为 0、1、−1；u_{sm} 是小信号电压的幅值。在小信号电压分量作用下，电路模型与等效仿真模型中 VSC1 交流 a 相电流 i_{sa1} 的时域响应曲线如图 2-3 所示。从图中可以看出，除高频谐波分量外，等效仿真模型与电路仿真模型的时域响应完全一致。

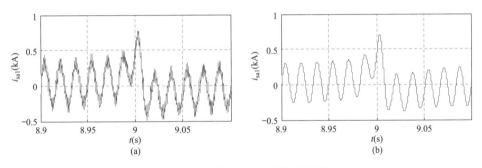

图 2-3　两种模型的时域仿真结果对比

（a）电路模型计算结果；（b）等效仿真模型计算结果

对 VSC1 交流 a 相电压和电流进行傅里叶分解，得到对应次同步频率 f 的电压相量 $\Delta \dot{U}_{sa}(f)$ 和电流相量 $\Delta \dot{I}_{sa}(f)$，并利用式（2-5）计算从 VSC1 交流母线看进去的 VSC-HVDC 次同步电阻特性 $R_{hf}(f)$ 和次同步电抗特性 $X_{hf}(f)$，计算结果如图 2-4 所示。可以看出等效仿真模型与电路仿真模型计算结果是一致的，且由于没有高次谐波所产生的数值影响，等效仿真模型计算得到的阻抗特性曲线更加光滑和连续。

$$\begin{cases} R_{hf}(f) = \mathrm{Re}\left[\Delta \dot{U}_{sa}(f)/\Delta \dot{I}_{sa}(f)\right] \\ X_{hf}(f) = \mathrm{Im}\left[\Delta \dot{U}_{sa}(f)/\Delta \dot{I}_{sa}(f)\right] \end{cases} \tag{2-5}$$

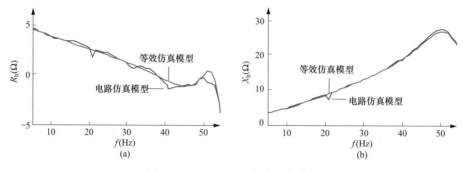

图 2-4　VSC-HVDC 频率阻抗特性

（a）电阻频率特性；（b）电抗频率特性

两种不同模型仿真计算用时如表 2-1 所示。可以看出在同一仿真步长下，等效仿真模型由于不用计算换流桥全控型器件的高频导通与关断，仿真计算效率能得到显著提高；此外，由于不计及全控型器件的高频通断，等效仿真模型可采用较电路模型更大的仿真计算步长，计算效率还能进一步提高。

表 2-1　　　　　　　　两种模型的仿真用时对比

模型	仿真时间（s）	仿真步长（μs）	仿真用时（s）
等效模型	10	10	224.77
		20	90.17
电路模型		10	345.36
		20	258.50

注　仿真用计算机的主频为 2.8GHz，内存为 512MB。

2.2　柔性直流次同步振荡阻尼特性分析

2.2.1　次同步振荡阻尼特性

在具有串联电容补偿的输电系统中，在一定条件下电气系统的 LC 谐振会激发发电机轴系次同步振荡（SSO），从而导致大轴扭振损坏。此外，传统 HVDC 及静止无功补偿器（SVC）、电力系统稳定器（PSS）等快速控制装置在一定条件下均可能激发扭振。作为一种新型具有快速控制能力的装置，VSC-HVDC 对发电机轴系扭振的影响是非常值得关注的。

采用复转矩系数法的时域仿真实现测试信号法，计算发电机电气阻尼特性的主要步骤为：

（1）发电机轴系采用单刚体模型，电气部分采用完整的数学模型，电力网络采用电磁暂态模型。在发电机转子上施加一串次同步频率的小值脉动转矩，即

$$\Delta T_{\mathrm{m}} = \sum_{f=5}^{55} T_{\mathrm{f}} \sin(2\pi f t + \gamma_{\mathrm{f}}) \tag{2-6}$$

式中：T_{f}、γ_{f} 分别为频率为 f 的脉动转矩幅值与初相角。

（2）仿真计算直至系统进入稳态，截取脉动转矩一个公共周期上的发电机电磁转矩 T_{e} 和发电机角速度 ω 进行傅里叶分解，得出不同频率下的 $\Delta \dot{T}_{\mathrm{e}}(f)$ 和 $\Delta \dot{\omega}(f)$。

（3）计算发电机的电气阻尼系数 D_{e}，即

$$D_{\mathrm{e}}(f) = \mathrm{Re}\left[\frac{\Delta \dot{T}_{\mathrm{e}}(f)}{\Delta \dot{\omega}(f)}\right] \tag{2-7}$$

如图 2-5 所示的 VSC-HVDC 交直流并联输电系统，稳态运行时 VSC1 从交流母线吸收的有功功率和无功功率分别为 0.2（标幺值）和 0.0（标幺值），发电机输出有功功率为 1.0（标幺值），功率因数为 0.9。电力网络在基频 60Hz 下的参数为 $X_{\mathrm{t}}=0.14$（标幺值），$R_1=0.08$（标幺值），$X_1=0.5$（标幺值），$X_{\mathrm{s}}=0.06$（标幺值）。

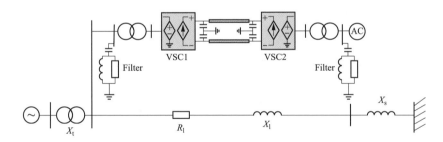

图 2-5　VSC-HVDC 交直流并联输电系统

VSC1 采用 4 种不同控制方式以及断开与交流系统间的连接等情况下，利用测试信号法计算得到的发电机电气阻尼特性 D_{e} 曲线如图 2-6 所示。从图中可看出，次同步频率范围内 VSC 在各种控制方式下均能提高发电机电气阻尼，且与其他控制方式相比，u_{d}-U_{s} 控制方式提高发电机电气阻尼的程度更加明显。

VSC1 在 P_{d}-Q_{d} 控制方式下，有功控制器以及无功控制器中的比例系数与积分时间常数对发电机电气阻尼特性的影响如图 2-7 所示。可以看出，除有功功率控制器中积分时间常数在 25Hz 以内对 D_{e} 有较明显地影响外，其他控制器参数对 D_{e} 无明显影响。

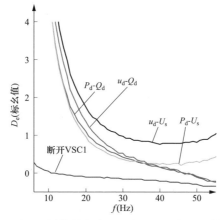

图 2-6　不同控制方式下的发电机电气阻尼特性

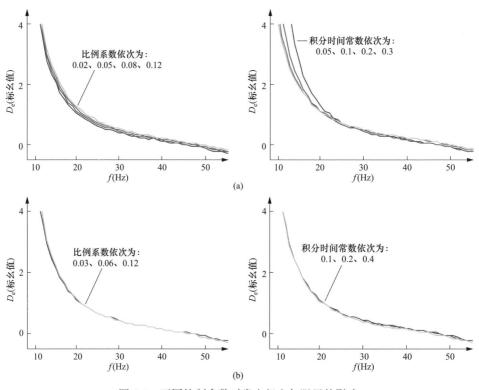

图 2-7　不同控制参数对发电机电气阻尼的影响

（a）有功功率控制器参数；（b）无功功率控制器参数

2.2.2　对串补输电系统中发电机电气阻尼特性的影响

如图 2-8 所示，在具有固定串联电容补偿的 VSC-HVDC 交直流并联输电系统中，交流部分各元件的参数分别为：$X_t = 0.14$（标幺值），$R_1 = 0.08$（标幺值），$X_1 = 0.5$（标幺值），$X_c = -0.35$（标幺值），$X_s = 0.06$（标幺值）；发电机及其轴系参数与 IEEE 第一标准测试系统一致，输出有功功率为 1.0（标幺值），功率因数为 0.9。归算至系统基准容量下的 VSC-HVDC 参数为：换流变压器参数 $R_c = 0.04$（标幺值），$X_c = 0.3$（标幺值）；二阶高通滤波器参数 $R_f = 0.729$（标幺值），$X_{lf} = 0.04$（标幺值），$X_{cf} = -20.057$（标幺值）。在 VSC-HVDC 系统中 VSC1 采用 P_d-Q_d 控制，且 $P_{d1ref} = 0.2$（标幺值），$Q_{d1ref} = 0.0$（标幺值）；VSC2 采用 u_d-Q_d 控制，设定值分别为 $u_{d2ref} = 1.888$（标幺值），$Q_{d2ref} = 0.0$（标幺值）。

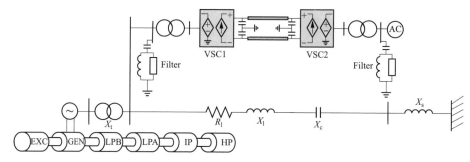

图 2-8 修改的 IEEE Frist BenchMark 交直流并联输电系统

对图 2-8 所示系统进行测试信号法计算与时域仿真计算，其结果分别如图 2-9 和图 2-10 所示。从图中可以看出，VSC 能够提高串补输电系统中发电机的电气

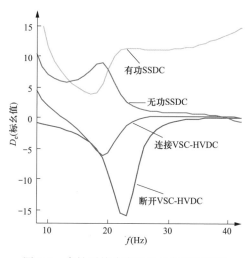

图 2-9 串补系统中发电机电气阻尼特性

阻尼特性，对次同步振荡有一定的抑制作用。但 VSC 采用定有功功率和无功功率控制，对发电机电气阻尼改善作用有限，无法避免次同步振荡的发生。VSC 具有有功功率和无功功率的控制调节能力，通过附加次同步振荡阻尼控制器（SSDC）动态调节 VSC 从交流系统中吸收的有功或无功，应能进一步提高发电机的电气阻尼。

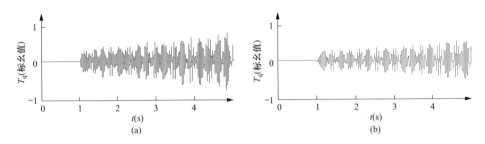

图 2-10　断开和连接 VSC-HVDC 时发电机与励磁机间的扭矩
（a）断开 VSC-HVDC；（b）连接 VSC-HVDC

采用如图 2-11 所示的单输入单输出幅值相位补偿结构的 SSDC，其中 T_m 为测量环节时间常数，T_w 为隔直环节时间常数，K_{VSC} 为放大倍数，T_1 和 T_2 分别为移相环节的时间常数。SSDC 的输入信号选为发电机角频率 ω，输出有功调制信号 P_{SSDC} 或无功调制信号 Q_{SSDC} 叠加至相应控制器的设定值上。

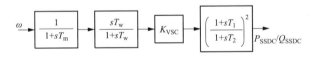

图 2-11　VSC-HVDC 次同步振荡阻尼控制器

整定有功 SSDC 参数为 $K_{VSC}=40$，$T_m=0.002\text{s}$，$T_w=0.1\text{s}$，$T_1=0.005\text{s}$，$T_2=0.002\text{s}$；整定无功 SSDC 参数为 $K_{VSC}=100$，其余参数与有功 SSDC 相同。在 VSC-HVDC 配置有功 SSDC 或无功 SSDC 情况下，发电机电气阻尼特性如图 2-9 所示，可看出发电机在次频域均具有正的电气阻尼特性。进一步的时域仿真计算结果如图 2-12 所示，通过有功 SSDC 或无功 SSDC 动态调节 VSC1 从交流系统中吸收的有功功率或无功功率，均可有效避免发电机次同步振荡的发生。与有功 SSDC 调制相比，无功 SSDC 对无功功率进行调制，可减少由于有功变化对直流电压的影响，有利于直流系统中其他 VSC 的稳定运行。因此，在 VSC-HVDC 中，利用无功 SSDC 抑制发电机次同步振荡优于利用有功 SSDC。

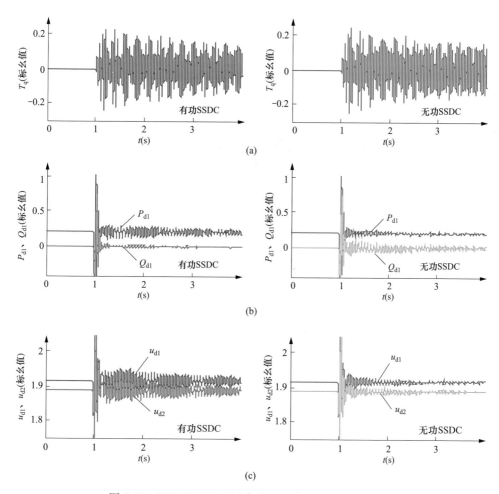

图 2-12 VSC-HVDC 配置有功、无功 SSDC 的仿真结果

（a）发电机与励磁机间的扭矩；（b）VSC1 从交流中吸收的有功和无功；（c）VSC-HVDC 直流电压

2.3 等效仿真模型在风电并网系统分析中的应用

2.3.1 风力驱动系统建模

如图 2-13 所示，风力驱动系统的 PSCAD/EMTDC 建模主要包括风速模拟系统、桨距角控制系统和风机机械力矩计算系统三个部分。

风速模拟系统由"Wind Source"模块实现，可以模拟基本风、阵风、斜坡风和背景噪声等不同分量及其叠加风。

浆距角控制系统由"Wind Turbine Governor"模块实现，以风力发电机输出有功功率为输入信号，有功功率与其参考设定值间的偏差信号作用于 PI 控制器，输出浆距角信号。

风机机械力矩计算系统由"Wind Turbine"模块实现，依据当前风速与浆距角，计算风能利用系数 C_p，并进一步由风机转速求解风机机械驱动力矩 T_m。

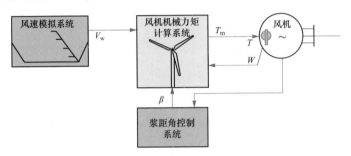

图 2-13 风力驱动系统的 PSCAD/EMTDC 建模

2.3.2 双馈感应风电发电系统建模

双馈感应风机运行控制的目标为：风力机风能捕获控制，即风力机捕获的风能与风机最优风功率曲线一致；风机无功功率控制，即根据不同的无功功率控制策略控制风机与系统交换的无功功率。目前风机无功功率控制策略有恒功率因数控制和恒电压控制两种。恒功率因数控制根据设定的功率因数确定风机输出的无功功率；恒电压控制方式以维持系统电压水平为目标控制风机与系统交换的无功功率。

双馈感应风力发电系统的控制系统可分为两层，如图 2-14 所示。第一层为风力机风能捕获控制和风机无功功率控制。风力机风能捕获控制检测转子转速，并根据最优转速—功率曲线，确定定子绕组输出有功功率参考值，以使得风力机捕获的风能同最优风速—功率曲线一致。无功功率控制根据无功功率控制策略确定风机的无功功率参考值。第二层为功率解耦控制，分别包括转子侧变流器控制和网侧变流器控制，其以第一层控制所输出的有功功率和无功功率参考值为控制目标，实现有功和无功功率的解耦控制。

转子侧和网侧变流器控制是双馈风机控制系统的核心，也是决定风机运行特性的关键。

2.3.2.1 基于定子磁链定向的转子侧变流器控制

由于双馈感应发电机在三相 *abc* 坐标系下的数学模型是一个时变、非线性、强耦合系统。因此为了提高控制系统性能，实现电机有功功率和无功功率的解耦控制，通常采用基于坐标变换的矢量控制。

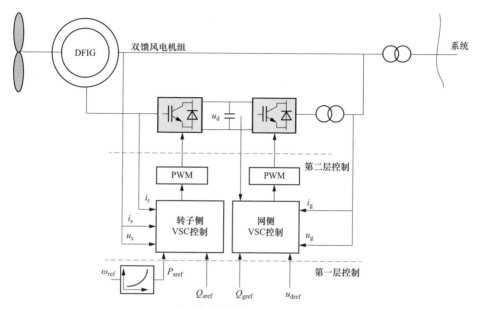

图 2-14 双馈感应风力发电系统控制系统结构

同步旋转 $dq0$ 坐标系下，双馈风机的数学模型包括定子电压方程、转子电压方程、定子磁链方程、转子磁链方程以及电磁转矩方程，即

$$u_{ds} = -R_s i_{ds} - p\psi_{ds} + \omega_1 \psi_{qs}$$
$$u_{qs} = -R_s i_{qs} - p\psi_{qs} - \omega_1 \psi_{ds}$$
$$u_{dr} = R_r i_{dr} + p\psi_{dr} - \omega_s \psi_{qr}$$
$$u_{qr} = R_r i_{qr} + p\psi_{qr} + \omega_s \psi_{dr}$$
$$\psi_{ds} = L_s i_{ds} - L_m i_{dr} \qquad (2\text{-}8)$$
$$\psi_{qs} = L_s i_{qs} - L_m i_{qr}$$
$$\psi_{dr} = -L_m i_{ds} + L_r i_{dr}$$
$$\psi_{qr} = -L_m i_{qs} + L_r i_{qr}$$
$$T_e = p_n L_m (i_{ds} i_{qr} - i_{qs} i_{dr})$$

式中：R_s、R_r 和 L_s、L_r 为定子与转子绕组电阻和电感；L_m 为定转子绕组间互感；i_{ds}、i_{qs} 分别为定子 d 轴和 q 轴的电流分量；i_{dr}、i_{qr} 分别为转子 d 轴和 q 轴的电流分量；u_{ds}、u_{qs}、u_{dr}、u_{qr} 分别为定子与转子 d 轴和 q 轴电压分量；ψ_{ds}、ψ_{qs}、ψ_{dr}、ψ_{qr} 分别为定子与转子 d 轴和 q 轴磁链分量；ω_1、ω_s 分别为定子电压角频率和转子滑差角频率。

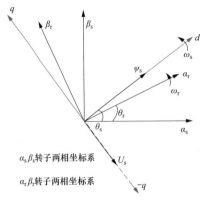

$\alpha_s\beta_s$转子两相坐标系

$\alpha_r\beta_r$转子两相坐标系

图 2-15 定子磁链定向原理图

若取定子磁链矢量方向为同步坐标系的 d 轴，如图 2-15 所示，则定子电压矢量将落在超前 d 轴 90°的 q 轴负半轴上，因此定子磁链在 dq 轴上的分量分别为 $\psi_{ds}=\psi_s$、$\psi_{qs}=0$。

在 dq 坐标系下，双馈风机的有功功率、无功功率计算式为

$$\begin{cases} P=-\dfrac{3}{2}u_s i_{qs} \\[2mm] Q=-\dfrac{3}{2}u_s i_{ds} \end{cases} \qquad (2\text{-}9)$$

由于只能对转子的励磁电流进行调节，因此应将式（2-9）中的定子电流分量转变换为转子电流分量。根据定子磁链方程可得

$$\begin{cases} i_{ds}=\dfrac{L_m}{L_s}i_{dr}+\dfrac{\psi_{ds}}{L_s} \\[3mm] i_{qs}=\dfrac{L_m}{L_s}i_{qr} \end{cases} \qquad (2\text{-}10)$$

将式（2-10）代入功率方程，可得

$$\begin{cases} P=-\dfrac{3}{2}u_s\dfrac{L_m}{L_s}i_{qr} \\[3mm] Q=-\dfrac{3}{2}u_s\left(\dfrac{L_m}{L_s}i_{dr}+\dfrac{\psi_{ds}}{L_s}\right) \end{cases} \qquad (2\text{-}11)$$

进一步由转子磁链方程可得

$$\begin{cases} \psi_{dr}=-\dfrac{L_m}{L_s}\psi_s+L_r\left(1-\dfrac{L_m^2}{L_s L_r}\right)i_{dr} \\[3mm] \psi_{qr}=L_r\left(1-\dfrac{L_m^2}{L_s L_r}\right)i_{qr} \end{cases} \qquad (2\text{-}12)$$

将式（2-12）代入转子电压方程，可得

$$\begin{cases} u_{dr}=R_r i_{dr}+\dfrac{L_s L_r-L_m^2}{L_s}p i_{dr}+\Delta u_{dr}=u'_{dr}+\Delta u_{dr} \\[3mm] u_{qr}=R_r i_{qr}+\dfrac{L_s L_r-L_m^2}{L_s}p i_{dr}+\Delta u_{qr}=u'_{qr}+\Delta u_{qr} \end{cases} \qquad (2\text{-}13)$$

式中：u'_{dr}、u'_{qr} 为实现转子电流解耦控制的电压解耦项；Δu_{dr}、Δu_{qr} 为转子电

dq 分量的交叉耦合项，其计算式为

$$\begin{cases} \Delta u_{dr} = -\omega_s \dfrac{L_s L_r - L_m^2}{L_s} i_{qr} \\ \Delta u_{qr} = \omega_s \dfrac{L_s L_r - L_m^2}{L_s} i_{dr} - \omega_s \dfrac{L_m}{L_s} \psi_s \end{cases} \tag{2-14}$$

双馈感应风力发电系统转子侧控制器结构如图 2-16 所示。通过在前馈环节引入补偿量 Δu_{dr}、Δu_{qr}，d、q 轴电流就可实现解耦控制。转子目标电压 u_{dr}、u_{qr} 经坐标变换可得三相坐标系下的电压分量，该信号作为转子变流器脉宽调制的指令信号，生成变流器各全控器件触发脉冲。

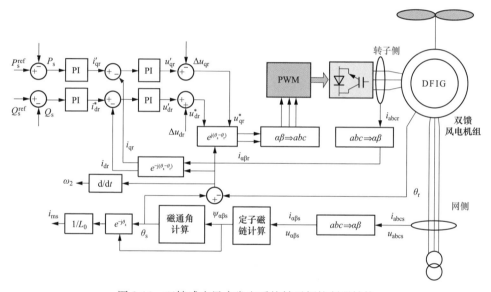

图 2-16 双馈感应风力发电系统转子侧控制器结构

2.3.2.2 基于电网电压的网侧变流器控制

双馈感应风力发电系统中电网侧变流器的控制目标是保持中间环节的直流电压恒定，无论转子侧变流器功率方向与大小。此外，网侧变流器还控制其交流侧无功功率。双馈感应风力发电系统网侧变流器模型如图 2-17 所示。

在同步旋转 $dq0$ 坐标系中，双馈感应风力发电系统网侧变流器的数学模型为

$$\begin{cases} u_{cd} = -L_c p i_d - R_c i_d + \omega L_c i_q + u_{sd} \\ u_{cq} = -L_c p i_q - R_c i_q - \omega L_c i_d + u_{sq} \\ C p u_d = i_d - i_l \end{cases} \tag{2-15}$$

式中：u_{sd}、u_{sq} 分别为电网电压的 d、q 分量；i_d、i_q 分别为变流器输入电流的 d、q 分量；i_1 为直流线路电流；u_{cd}、u_{cq} 为变流器输出电压的 d、q 分量；u_d 为直流侧电压；C 为直流电容；ω 为同步角速度。

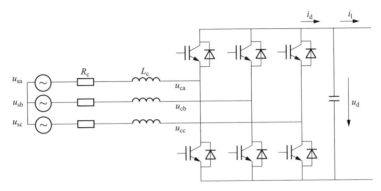

图 2-17　定子侧三相全控变流器模型

若取电网电压矢量为同步旋转 $dq0$ 坐标系中的 d 轴，则 $u_q=0$。此时，变流器与电网间交换的有功功率和无功功率分别为

$$\begin{cases} P = u_d i_d + u_q i_q = u_d i_d \\ Q = u_q i_d - u_d i_q = -u_d i_q \end{cases} \tag{2-16}$$

从式（2-16）中可以看出，有功功率和无功功率的控制可分别通过对 i_d 和 i_q 的控制来实现。根据变流器 $dq0$ 坐标系下的数学模型可知，其 d、q 轴电流分量间存在耦合。因此，为了提高动态调节性能，应当为其设计解耦控制器以实现 d 轴和 q 轴电流变量的独立调节。将变流器输出电压 d、q 轴分量的解耦控制方程分别取为

$$\begin{cases} u_{cd}^* = -\left(K_1 + \dfrac{1}{T_1 s}\right)(i_{sdref} - i_{sd}) + \omega L_c i_{sq} + u_{sd} \\ u_{cq}^* = -\left(K_1 + \dfrac{1}{T_1 s}\right)(i_{sqref} - i_{sq}) - \omega L_c i_{sd} + u_{sq} \end{cases} \tag{2-17}$$

将式（2-17）代入变流器数学模型，则可得

$$s\begin{bmatrix} i_{sd} \\ i_{sq} \end{bmatrix} = \frac{1}{L_c} \begin{bmatrix} -\left[R_c - \left(K_1 + \dfrac{1}{T_1 s}\right)\right]/L_c & 0 \\ 0 & -\left[R_c - \left(K_1 + \dfrac{1}{T_1 s}\right)\right]/L_c \end{bmatrix}$$
$$\begin{bmatrix} i_{sd} \\ i_{sq} \end{bmatrix} - \frac{1}{L_c}\left(K_1 + \dfrac{1}{T_1 s}\right)\begin{bmatrix} i_{sdref} \\ i_{sqref} \end{bmatrix} \tag{2-18}$$

由此可见，引入解耦控制方程后，d 轴和 q 轴电流与其参考设定值间消除了耦合项，实现了一对一的解耦控制。d 轴与 q 轴电流的参考设定值 i_{sdref}、i_{sqref} 可分别对应变流器直流电压调节器和无功功率调节器输出信号。

双馈感应风力发电系统定子侧控制器结构如图 2-18 所示。

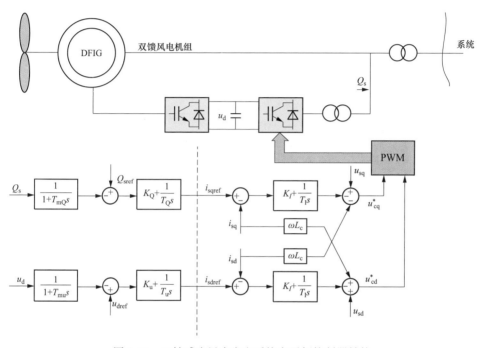

图 2-18　双馈感应风力发电系统定子侧控制器结构

2.3.3　双馈风机动态特性仿真的验证

为验证所建双馈风机仿真模型的正确性，以下将针对如图 2-19 所示的双馈风机仿真模型验证测试系统，考察风机在各种控制输入信号阶跃变化后的暂态响应。

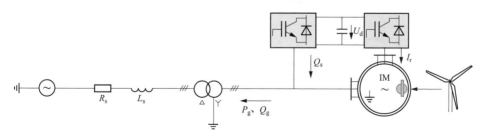

图 2-19　双馈风机仿真模型验证测试系统

图 2-19 中，双馈风机以及交流电网元器件参数配置如表 2-2 所示。

表 2-2   **双馈风机以及交流电网元器件参数配置**

双馈风机			
参数	设定值	参数	设定值
额定功率	1.5MW	转子电阻	0.008749（标幺值）
额定电压	0.69kV	激磁电抗	3.9370（标幺值）
额定频率	50Hz	定子漏抗	0.1386（标幺值）
转动惯量	3.5s	转子漏抗	0.1493（标幺值）
定子电阻	0.007174（标幺值）	—	—
风机升压变压器			
额定容量	1.6MVA	漏抗	0.06（标幺值）
变比	38.5kV/0.69kV	接线形式	D/Yn
交流等值系统			
电压	38.5kV	R_s	2.5Ω
L_s	0.04H	—	—

双馈风机各控制器参考输入信号阶跃时序分别设置如下：2s 时变流器直流侧电压设定值由 1kV 提升至 1.2kV，持续 1s 后恢复至 1kV；4s 时网侧变流器无功设定值由 0.0Mvar 提升至 0.2Mvar，持续 1s 后恢复至 0.0Mvar；6s 时双馈风机输出无功功率设定值由 0.0Mvar 降至 −0.2Mvar，持续 1s 后恢复至 0.0Mvar；10s 时风速由 11.5m/s 下降至 10.5ms。在上述扰动设置时序下，双馈风机的各电气和机械量的暂态响应曲线如图 2-20 所示。

从测试系统的仿真计算结果可以看出，双馈风机的电气量均可快速跟踪其目标设定值，且响应快速准确。

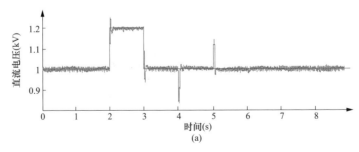

图 2-20   各种控制设定值阶跃变化双馈风机暂态响应（一）

（a）双馈风机变流器直流电压

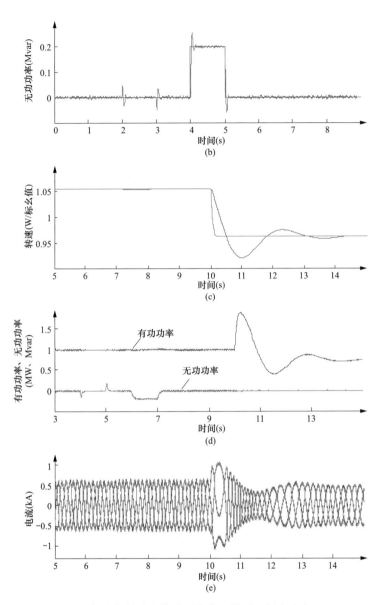

图 2-20 各种控制设定值阶跃变化双馈风机暂态响应（二）

（b）网侧变流器无功功率；（c）双馈风机转速；（d）双馈风机有功
功率与无功功率输出；（e）转子侧三相电流

2.3.4 双馈风机变频器等效仿真模型

可将双馈风机转子侧和网侧 VSC 采用受控源予以模拟，如图 2-21 所示。变频器的受控源模型无需计及全控型电力电子器件的高频通、断过程，仿真时间大为缩短。

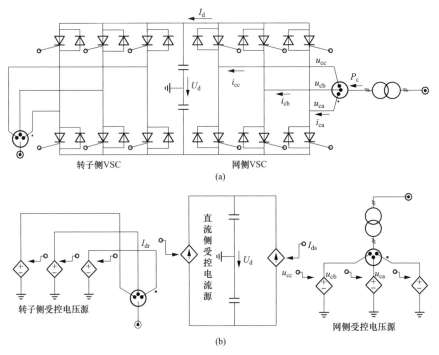

图 2-21　双馈风机变频器电路和等效受控源仿真模型

（a）双馈风机变频器电路模型；（b）双馈风机变频器受控源等效仿真模型

以载波频率 1650Hz 为例，VSC 出口相电压的谐波分布如图 2-22 所示。输出电压中含载波及两倍载波频率附近的高次谐波分量，不含工频分量附近的低次谐波分量。因此，等效模型也不会影响对 VSC 低频特性的模拟。

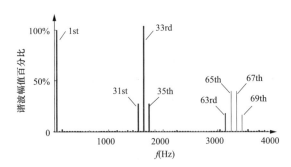

图 2-22　VSC 出口相电压谐波分布

2.3.5 基于等效模型的风机动态仿真

2.3.5.1 控制输入信号阶跃变化

待风机测试系统运行平稳后，改变控制变量输入值，如图 2-23 所示。16s 时风速由 9.5m/s 升至 10.5m/s，21s 时网侧 VSC 与电网交换无功功率由 0 升至

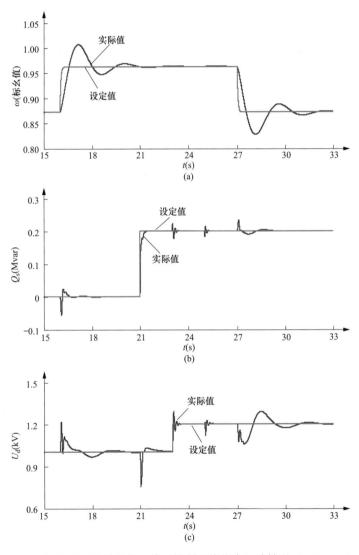

图 2-23　等效受控源模型控制系统指令跟踪情况（一）

（a）转速值变化情况；（b）网侧 VSC 与电网交换无功情况；（c）直流环节电压变化情况

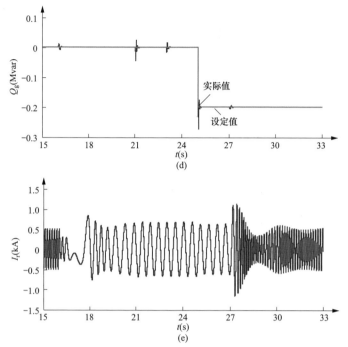

图 2-23　等效受控源模型控制系统指令跟踪情况（二）

（d）风机输出无功功率变化情况；（e）风机转子 a 相电流

0.2Mvar，23s 时直流环节电压由 1.0kV 升至 1.2kV，25s 时风机输出无功功率由 0 降至 −0.2Mvar，27s 时风速再降至 9.5m/s。

从仿真结果可以看出，改变输入信号设定值时，等效模型的控制系统能快速准确地跟踪目标设定值。风速变化时，为追踪最大风能，风机转速需及时调整，如图 2-23（a）所示，风机输出无功功率基本不变，如图 2-23（d）所示；风机输出无功功率指令值变化时，风机转速无变化即输出有功功率不变，风机的有功功率、无功功率可实现解耦控制。

2.3.5.2　电网电压不对称扰动

转子侧和网侧 VSC 分别采用电路模型和等效受控源模型，仿真对比电网电压不对称条件下暂态响应。20s 时，电网 a 相电压幅值跌落 10%，两种模型的暂态响应对比曲线如图 2-24 所示。

由仿真结果可以看出，电网电压不对称条件下，风机输出有功功率、无功功率及转子 a 相电流的暂态响应特性基本一致。

2.3.5.3　基于等效模型的仿真时间效益对比

仿真步长设置为 20μs、数据输出步长设置为 100μs、仿真时长为 30s 的相同计算条件下，双馈风机变频器采用电路模型和受控源模型两种情况，模拟不同台数的双馈风机，仿真耗时对比结果如表 2-3 所示。

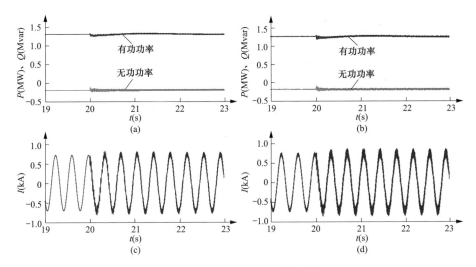

图 2-24　电网电压不对称条件下两种模型暂态响应对比

（a）等效模型输出功率；（b）电路模型输出功率；

（c）等效模型转子 a 相电流；（d）电路模型转子 a 相电流

表 2-3　　　　　　　　双馈风机仿真模型耗时对比分析

仿真风机台数	仿真耗时（s）		
	变频器电路模型	变频器受控源模型	耗时比
1	215.5	57.58	3.74∶1
2	945.4	120.4	7.85∶1
3	2533.7	205.3	12.34∶1

注　仿真所用计算机主频为 3.1GHz，内存为 4GB。

从表 2-3 中可以看出，由于双馈风机采用的变频器受控源模型不计及开关元件的高频通断，仿真时间大为缩短；与电路模型相比，模拟风机的台数越多，风机等效模型仿真计算效率越高。

此外，由于无需计及开关元件的高频通断，等效仿真模型可采用较电路模型更大的仿真计算步长，其计算效率还可进一步大幅提升。

2.4　等效仿真模型在光伏并网系统分析中的应用

2.4.1　光伏发电单元物理结构

光伏发电单元是规模化光伏发电系统的基础组成部分，其拓扑结构如图 2-25

所示，主要包括光伏电池阵列、电压源逆变器 VSC 及其控制系统，以及交流换相电抗器。

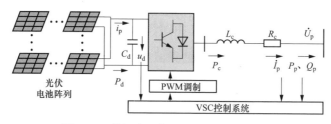

图 2-25 单极式光伏发电单元的拓扑结构

光伏电池阵列在伏打效应作用下，接收光能并输出直流电流；VSC 及其控制系统维持直流侧运行电压，实现直流功率向交流功率转换，同时控制其与交流电网交换的无功功率；换相电抗器是 VSC 与交流电网能量交换的纽带。

2.4.2 光伏电池板建模

标准温度 T_{ref} 和标准光照强度 S_{ref} 下，由电池的短路电流 i_{sc}、开路电压 u_{oc}、最大功率电流 i_m、最大功率电压 u_m 四个参数，可模拟电池 U-I 特性，即

$$i_p = i_{sc}\left[1 - c_1\left(e^{\frac{u_d}{c_2 u_{oc}}} - 1\right)\right] \tag{2-19}$$

式中，参数 c_1、c_2 定义为

$$c_1 = \left(1 - \frac{i_m}{i_{sc}}\right) e^{-\frac{u_m}{c_2 u_{oc}}} \tag{2-20}$$

$$c_2 = \left(\frac{u_m}{u_{oc}} - 1\right)\left[\ln\left(1 - \frac{i_m}{i_{sc}}\right)\right]^{-1} \tag{2-21}$$

$T_{ref} = 25℃$、$S_{ref} = 1kW/m^2$ 标准条件下，对应 $i_{sc} = 8.09A$、$u_{oc} = 44V$、$i_m = 7.47A$、$u_m = 34.8V$ 的光伏电池 U-I 和 U-P 特性曲线，如图 2-26 所示。从图中可以看出，随 u_d 增大，i_p 小幅降低，光伏输出功率则单调增加；达到最大功率点之后，u_d 增大，则 i_p 将快速减小，光伏输出功率则迅速降低。

非标准条件下，针对实际温度 T_{act} 和光照强度 S_{act}，利用式（2-22）~式（2-25）计算修正参数 i'_{sc}、u'_{oc}、i'_m、u'_m，并代替原参数模拟 U-I 特性，式中 a 与 c 为温度补偿系数，b 为光强补偿系数。

$$i'_{sc} = i_{sc} S_{act}[1 + a(T_{act} - T_{ref})]/S_{ref} \tag{2-22}$$

$$u'_{oc} = u_{oc}[1 - c(T_{act} - T_{ref})]\ln[e + b(S_{act}/S_{ref} - 1)] \tag{2-23}$$

$$i'_m = i_m S_{act}[1 + a(T_{act} - T_{ref})]/S_{ref} \quad (2-24)$$

$$u'_m = u_m[1 - c(T_{act} - T_{ref})]\ln[e + b(S_{act}/S_{ref} - 1)] \quad (2-25)$$

对应补偿系数取值 $a=0.0008$，$b=0.2$，$c=0.005$，以及 $T_{act}=25℃$，$S_{act}=0.6kW/m^2$ 的非标准条件，光伏电池特性如图 2-26 所示。

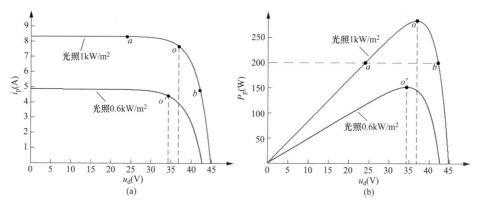

图 2-26　光伏电池 U-I 与 U-P 特性

（a）U-I 特性；（b）U-P 特性

2.4.3　电压源逆变器模型

基于 PWM 控制的电压源逆变器，其开关频率达上千赫兹，在次频域内，可采用忽略开关动作的受控源模拟逆变器交流和直流侧特性。对应调制信号波 $\sin(2\pi f_r t)$，电压源逆变器交流侧出口相电压基波分量 u_{cx} 如式（2-26）所示，式中对应 x 为 a、b、c，i 分别取值为 0、1、2。从式中可以看出，电压源逆变器的交流侧，可视为幅值和相位受 PWM 调制比 M 和移相角度 δ 控制的受控电压源，对应调制信号其增益系数为 $u_d/2$。

$$u_{cx} = M \frac{u_d}{2} \sin\left(2\pi f_r t - \delta - \frac{2\pi}{3}i\right) \quad (2-26)$$

如图 2-25 所示，逆变器开关损耗可由 R_c 附加值予以模拟，因此交直流两侧有功功率相等，直流电流可由式（2-27）计算。可以看出，电压源逆变器的直流侧可视为受控电流源。

$$i_d = P_c/u_d = \sum_{x=a,b,c} u_{cx} i_{cx}/u_d \quad (2-27)$$

以受控电流源模拟光伏电池，受控电压源和受控电流源分别模拟电压源逆变器交流与直流侧的光伏发电一次系统电磁暂态等效仿真模型如图 2-27 所示。

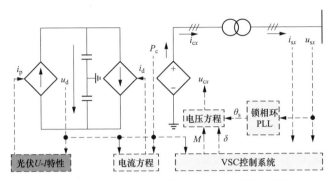

图 2-27　光伏发电一次系统电磁暂态等效仿真模型

2.4.4　控制系统模型

为实现光伏电池最大运行功率点追踪，逆变器需控制其直流侧电压。当光照强度、环境温度变化或系统受扰波动，控制系统依据直流电压偏差，动态调节输出交流电压移相角度，实现直流电压在目标设定值下电池输入功率与逆变器输出功率动态平衡。此外，逆变器还可动态调节出口电压幅值，按定功率 Q_{pref} 或定功率因数 $\cos\varphi_{ref}$ 方式，控制逆变器与交流电网交换无功的大小和方向。

基于比例积分调节器的光伏发电系统直流电压控制器和无功功率或功率因数控制器模型如图 2-28 所示。

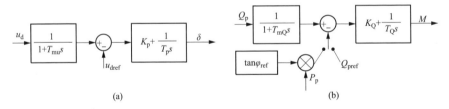

(a)　　　　　　　　　　　　　　(b)

图 2-28　基于比例积分调节器的光伏发电系统控制器模型

（a）直流电压控制器模型；（b）无功功率或功率因数控制器模型

2.4.5　光伏对火电机组 SSO 特性的影响

2.4.5.1　无光伏接入条件下机组阻尼特性

图 2-29 所示规模化光伏与火电机组近电气距离并网系统中，发电机采用单刚体模型，在 100MVA 基准容量下，交流输电系统参数分别为：火电机组升压变电抗 $X_t=0.0157$（标幺值），外送线路电阻 $R_1=0.006$（标幺值），电抗 $X_1=$

0.05（标幺值），系统等值电抗 X_s＝0.006（标幺值）；光伏并网交流系统参数为：汇集站主变压器高中压绕组电抗 X_{pt}＝0.15（标幺值），汇集线电抗 X_{pl}＝0.05（标幺值），光伏发电并网变压器电抗 X_{ps}＝0.15（标幺值）。

火电机组运行功率 P_g 为6.0（标幺值）；光伏发电单元运行于如图 2-26 所示的最大功率 o 点，规模化并网系统由 $1.8×10^5$ 块电池板串并联倍乘聚合模拟，合计运行功率为 0.5（标幺值）。

通过如图 2-29 所示的开关 S 的闭合与开断，模拟光伏系统接入与退出。对应两种情况，利用测试信号法计算得到的发电机电气阻尼特性 D_e 曲线如图 2-30 所示。可以看出，光伏系统接入可小幅提升发电机电气阻尼，有助于改善机组的次同步振荡特性。

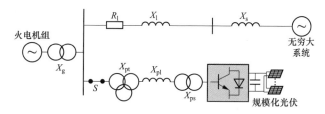

图 2-29　规模化光伏与火电机组近电气距离并网系统

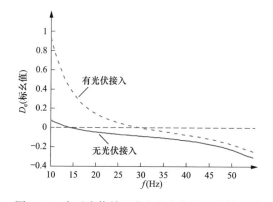

图 2-30　有无光伏并网发电机电气阻尼特性差异

2.4.5.2　光伏并网系统电气特性对机组 D_e 的影响

并网汇集线电抗 X_{pl}、受日照强度和直流电压控制水平影响的光伏运行点、电压源逆变器无功控制方式以及并入交流电网的位置等，是规模化光伏发电系统主要电气特征量，其对发电机电气阻尼特性的影响如图 2-31 所示。从图中可以看出：

（1）随汇集线电抗 X_{pl} 增大，光伏发电系统与机组间电气距离加大，发电机 D_e 减小。

（2）运行于不同光照强度下的最大功率点，对发电机 D_e 无明显影响。相同光照强度下，运行于 U-P 特性曲线最大功率点左侧的低电压小功率区间，对发电机 D_e 无明显影响；运行于右侧高电压大功率运行区间，在 20Hz 以内频域发电机 D_e 有所减小，之外则 D_e 无明显变化。

（3）光伏逆变器定无功功率控制或定功率因数控制，对发电机 D_e 无明显影响。

（4）随着光伏接入位置远离发电机，D_e 将减小。

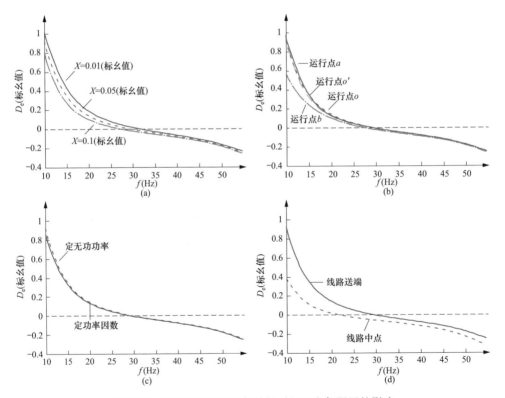

图 2-31 光伏并网系统电气特性对机组电气阻尼的影响

（a）并网线电抗 X_{pl} 的影响；（b）光伏运行点的影响；（c）光伏控制方式；（d）并网点位置的影响

综合以上分析，光伏发电系统本体的运行点以及无功控制方式对近电气距离并网的火电机组 D_e 特性无明显影响；受光伏系统与火电机组电气距离增大的影响，D_e 有所减小，但程度不大。

2.4.5.3 光伏与火电打捆交流串补外送系统

如图 2-32 所示的规模化光伏与火电机组近电气距离并网串补外送系统，交流系统参数与图 2-29 所示系统一致，串联补偿容抗 X_c 为 -0.02（标幺值），发电机轴系采用多质量块模拟，参数与 IEEE 第一标准测试系统一致。

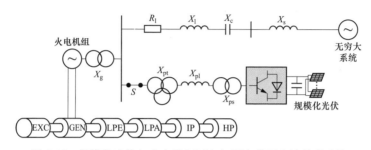

图 2-32　规模化光伏与火电机组近电气距离并网串补外送系统

对应开关 S 闭合与开断两种状态，即光伏系统接入与退出，发电机电气阻尼特性 D_e 以及受扰后转子转速时域响应的对比曲线分别如图 2-33 和图 2-34 所示。从两组图中可以看出，光伏接入能提高串补输电系统中发电机电气阻尼，对次同步振荡有一定的抑制作用，但仍不足以规避发散振荡的风险。

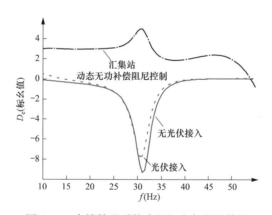

图 2-33　串补外送系统中机组电气阻尼特性

为平抑光伏功率波动对交流系统电压的影响，通常光伏汇集站主变压器第三绕组侧安装有 STATCOM 等动态无功补偿装置。在 STATCOM 电压主控制器的基础上，附加配置如图 2-35 所示的以发电机转子转速为输入信号的次同步振荡阻尼控制器，动态调节其输出的无功功率，则能显著改善发电机电气阻尼特性，有效规避机组轴系次同步振荡风险。

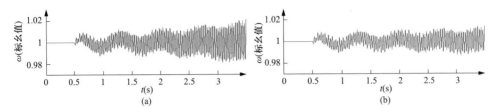

图 2-34　发电机转子转速暂态响应

（a）无光伏接入机组 ω_{gen} 暂态响应；（b）有光伏接入机组 ω_{gen} 暂态响应

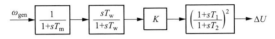

图 2-35　STATCOM 次同步振荡阻尼控制器

对应图 2-32 所示系统，汇集站 STATCOM 配置附加阻尼控制后的发电机电气阻尼 D_e 以及受扰后的转子角速度暂态时域响应，分别如图 2-33 和图 2-36 所示。从计算结果可以看出，发电机电气阻尼显著提升，轴系振荡衰减平息。

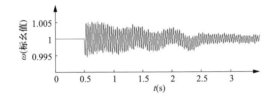

图 2-36　附加阻尼控制下的发电机转子转速暂态响应

参考文献

[1]　徐政. 复转矩系数法的适用性分析及其时域仿真实现［J］. 中国电机工程学报，2000，20（6）：1-4.

[2]　IEEE subsynchronous resonance task force. First benchmark model for computer simulation of subsynchronous resonance［J］. IEEE Trans on Power Apparatus and Systems，1977，96（5）：1565-1572.

[3]　陈权，李令东，王群京，等. 光伏发电并网系统的仿真建模及对配电网电压稳定性影响［J］. 电工技术学报，2013，28（3）：241-247.

3 柔性直流与交流电网混联系统稳定分析与控制

3.1 抑制多机系统低频振荡的柔性直流附加阻尼控制

3.1.1 Prony 辨识算法简介

对于一个线性时不变系统，其输入、输出的拉普拉斯变换满足

$$O(s) = G(s)I(s) \tag{3-1}$$

式中：$I(s)$、$O(s)$ 和 $G(s)$ 分别为输入、输出以及两者间传递函数的拉普拉斯变换。由式（3-1）可以看出，在给定扰动输入信号下，系统输出信号数据中将含有系统固有的特征信息，即系统特征根以及相应留数信息。

Prony 辨识算法是实测信号数据和仿真信号数据辨识中经常采用的方法。在计及扰动输入的影响后，该方法可以提取信号中所包含的主导振荡模式（对应于系统的特征根）信息及其相应的幅值和初相（对应于留数）信息。因此，利用该辨识方法对系统输出信号进行辨识，可以用一个降阶线性模型来逼近原高阶系统模型，避免了对原高阶系统进行特征根计算。Prony 辨识方法已经在电力系统扰动数据信号分析、模型与参数辨识、低频振荡分析、在线稳定控制、负荷建模以及电力系统稳定器（PSS）参数设计等方面得到了应用，并呈现出良好的应用前景。

Prony 辨识算法最早由法国数学家 Prony 于 1795 年提出，其基本思想是利用一组指数函数的线性组合来模拟等间隔采样数据。假设按等时间间隔 Δt 进行采样的 N 个数据点，可由 p 个指数函数的线性组合模拟，即

$$y(n) \approx \sum_{i=1}^{p} b_i z_i^n \quad (n = 0, 1, \cdots, N-1) \tag{3-2}$$

其中，$y(n)$ 为第 n 个采样点；z_i、b_i 为第 i 个 Prony 极点以及相应的留数，并可表示为

$$\begin{cases} z_i = e^{(\sigma_i + j2\pi f_i)\Delta t} \\ b_i = A_i e^{j\theta_i} \end{cases} \tag{3-3}$$

式中：A_i 为幅值；θ_i 为初相；σ_i 为衰减因子；f_i 为振荡频率。

Prony 辨识算法的计算步骤为：

（1）利用采样数据点构造矩阵 Y，并求解线性方程组式（3-4），即

$$Y = \begin{bmatrix} y(n) & y(n-1) & \cdots & y(0) \\ y(n+1) & y(n) & \cdots & y(1) \\ \vdots & \vdots & \vdots & \vdots \\ y(N-1) & y(N-2) & \cdots & y(N-n-1) \end{bmatrix} \quad YA^T = 0 \tag{3-4}$$

其中，$A = [1, a_1, a_2, \cdots, a_p]$，当 $N > 2p$ 时，A 为该方程组的最小二乘解。

（2）求解由系数 $a_1, a_2, \cdots, a_p$ 构成的多项式（3-5），该多项式的根即为 Prony 的 p 个极点。

$$Z^p + a_1 Z^{p-1} + \cdots + a_{p-1} Z + a_p = 0 \tag{3-5}$$

（3）采用最小二乘方法求解方程式（3-6），以求得与 Prony 极点相对应的留数 b_i。

$$\begin{bmatrix} 1 & 1 & 1 & \cdots & 1 \\ z_1 & z_2 & z_3 & \cdots & z_p \\ z_1^2 & z_2^2 & z_3^2 & \cdots & z_p^2 \\ \vdots & \vdots & \vdots & \vdots & \vdots \\ z_1^{N-1} & z_2^{N-1} & z_3^{N-1} & \cdots & z_p^{N-1} \end{bmatrix} \begin{bmatrix} b_1 \\ b_2 \\ b_3 \\ \vdots \\ b_p \end{bmatrix} = \begin{bmatrix} y(0) \\ y(1) \\ y(2) \\ \vdots \\ y(N-1) \end{bmatrix} \tag{3-6}$$

（4）利用式（3-7）可进一步计算出幅值、初相、衰减因子以及振荡频率。

$$\begin{cases} A_i = |b_i| \\ \theta_i = \arctan[\mathrm{Im}(b_i)/\mathrm{Re}(b_i)] \\ \sigma_i = \ln(z_i)/\Delta t \\ f_i = \arctan[\mathrm{Im}(z_i)/\mathrm{Re}(z_i)]/2\pi\Delta t \end{cases} \tag{3-7}$$

在利用 Prony 辨识算法进行电力系统低频振荡分析时，通常将采样周期取为 0.1s，采样时间段取为 10～20s。

3.1.2 基于 Prony 辨识的附加阻尼控制器设计步骤

由式（3-1）可见，若系统的扰动输入为理想的冲击输入，即 $I(s) = 1$ 时，输出信号数据将不受输入的影响，可完全体现系统的固有特性。对该输出信号数

据进行 Prony 辨识即可得到系统的等值降阶线性模型。然而，在实际测量以及时域仿真中，理想的冲击输入并不容易获得，作为近似，可以利用窄脉冲输入代替，其拉普拉斯变换近似表示成 $I(s) \approx k$。为方便叙述，以下称这种 $I(s) \approx k$ 的窄脉冲输入为"类冲击"输入。对"类冲击"输入下系统输出响应的信号数据进行 Prony 辨识，由此得到的系统等值降阶线性模型的增益为实际系统模型增益的 k 倍。

采用 Prony 辨识以及极点配置技术的 VSC-HVDC 附加阻尼控制器设计具体步骤为：

（1）在定有功功率控制 VSC 的有功功率设定值端口施加 $I(s) \approx k$ 的"类冲击"输入，对 VSC-HVDC 并列交流线路有功响应的时域数据进行 Prony 辨识，并由获得的 Prony 极点 z_i 及其相应留数 b_i 计算系统的等值降阶线性模型 $G(s)$，即

$$G(s) = \sum_{i=1}^{p} \frac{b_i}{s - z_i} \tag{3-8}$$

（2）利用系统的等值降阶线性模型以及期望的系统主导特征根 λ_0，根据式（3-9）确定 VSC-HVDC 附加阻尼控制器在期望极点处的幅值与相位，并由此整定阻尼控制器各环节参数。

$$\begin{cases} |H(\lambda_0)| \approx \dfrac{1}{\dfrac{1}{k}|G(\lambda_0)|} \\ \arg[H(\lambda_0)] = -\arg[G(\lambda_0)] \end{cases} \tag{3-9}$$

依据配置 VSC-HVDC 附加阻尼控制器后的系统"类冲击"响应特性，调节阻尼控制器增益，直至系统具有较好的阻尼特性。

（3）对配置 VSC-HVDC 附加阻尼控制器后的闭环系统进行大扰动非线性仿真，验证所设计控制器的有效性。

3.1.3 多机 VSC-HVDC 系统仿真算例

以修改后的 CEPRI-36 节点多机交直流混联系统为例，其网络拓扑结构如图 1-8 所示。该系统大扰动暂态仿真表明，VSC-HVDC 在仅配置主控制器的条件下，发电机 G7、G8 与 G1、G2 以及系统中其他发电机之间，存在弱阻尼低频振荡。因此，应利用 VSC-HVDC 有功调制能力，抑制系统受扰后发电机功角以及线路有功振荡，增加系统振荡阻尼。

稳态运行时，G7、G8 有功功率分别为 2.25（标幺值）和 3.06（标幺值），该

功率由 VSC-HVDC 及其并列交流输电线路 B30－B19 共同外送。VSC-HVDC 中，VSC1 采用定有功功率 $[P_{\text{d1ref}}=2.0$（标幺值）]、定无功功率 $[Q_{\text{d1ref}}=-0.5$（标幺值）] 控制；VSC2 采用定直流电压 $[u_{\text{d2ref}}=1.888$（标幺值）]、定无功功率 $[Q_{\text{d2ref}}=-0.5$（标幺值）] 控制。交流线路 B30－B19 输送的有功功率为 3.31（标幺值）。

以 VSC1 有功功率设定值为输入端，施加幅值为 2.0（标幺值），持续时间 5ms 的"类冲击"输入，其拉普拉斯变换可近似为 $k=0.01$。在该输入激励下，对交流线路 B30－B19 的有功响应数据按等间隔 0.1s 进行采样，结果如图 3-1 中"类冲击"响应曲线所示。

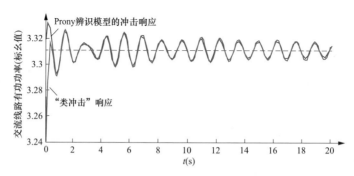

图 3-1　交流线有功功率"类冲击"响应与 Prony 辨识模型的冲击响应曲线

对交流线路有功输出响应数据进行 Prony 辨识，当辨识模型取为 14 阶时，Prony 辨识模型的冲击响应与交流线路有功响应数据将几乎完全吻合。忽略 Prony 辨识结果中的幅值较小以及衰减较快的分量，则系统降阶线性模型如表 3-1 所示。从表中可以看出，系统的主导振荡模式具有弱阻尼特性。此外，模式①仅对应于交流线路有功的稳态运行点，在设计 VSC-HVDC 附加阻尼控制器的式（3-8）中，不予考虑。

忽略幅值较小以及衰减较快的分量后，系统等值降阶线性模型的冲击响应如图 3-1 中"Prony 辨识模型的冲击响应"曲线所示。可以看出，幅值较小以及衰减较快的分量仅对初始时段的曲线拟合有影响，对系统主导振荡模式的辨识不产生影响。

表 3-1　　　　　　　"类冲击"响应的 Prony 辨识结果

模式	Prony 极点	相应留数	阻尼比
①	-4.356×10^{-6}	3.311	—
②	$-3.906\times10^{-2}\pm j4.720$	$1.970\times10^{-3}\pm j5.876\times10^{-3}$	0.0083
③	$-1.856\times10^{-1}\pm j5.826$	$8.800\times10^{-5}\pm j5.259\times10^{-3}$	0.0318

若将配置 VSC-HVDC 附加阻尼控制器后的系统闭环主导极点的期望值取为 $\lambda_0 = -0.67 + j4.4$，对应的振荡频率为 0.7Hz，阻尼比为 0.15。系统降阶线性模型在期望主导极点 λ_0 处的幅值与相位分别为

$$\begin{cases} |G(\lambda_0)| = 0.0111 \\ \arg[G(\lambda_0)] = 59.2° \end{cases} \tag{3-10}$$

采用图 1-71 所示的单输入单输出相位、幅值补偿结构的 VSC-HVDC 附加阻尼控制器，依据前述设计步骤，整定各环节参数分别为：$T_w = 10s$，$K_{VSC} = 0.95$，$T_{dmp} = 0.315s$，阻尼控制器的输出上下限分别设置为 $P_{max} = 0.2$（标幺值），$P_{min} = -0.2$（标幺值）。配备 VSC-HVDC 附加阻尼控制器后，交流线路有功的"类冲击"响应曲线如图 3-2 所示。从图中可以看出，此时系统的阻尼特性已经得到明显改善。

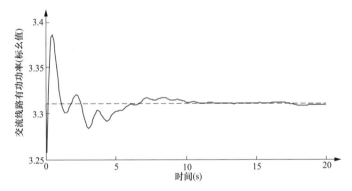

图 3-2   配置附加阻尼控制后交流有功功率的"类冲击"响应

VSC-HVDC 配置附加阻尼控制器，交流母线 B19 发生接地电抗为 0.03（标幺值）、持续时间为 100ms 的三相非金属性短路故障，系统暂态响应如图 3-3 所示。从图中可以看出，大扰动发生后，依据并列交流线路有功变化信号，VSC-HVDC 动态调节其输送的有功功率，系统中发电机间功角以及交流输电线路有功功率的振荡可得到快速抑制。VSC-HVDC 有功功率调制的同时，不会显著影响 VSC 无功功率输出。值得注意的是，配置附加阻尼控制器后，故障扰动期间 VSC 直流侧电容将承受更高的电压冲击。

由上述通过 Prony 辨识算法求取系统等值降阶线性模型的过程可知，所得到的系统模型，本质上是系统在稳态工作点上的小干扰线性化模型。不同的稳态工作点，系统的等值降阶线性模型有所不同，对应的附加阻尼控制器参数整定值也将有所差异。为了使得所设计的阻尼控制器具有较好的鲁棒性，应将不同稳态工作点对应的阻尼控制器参数进行综合。

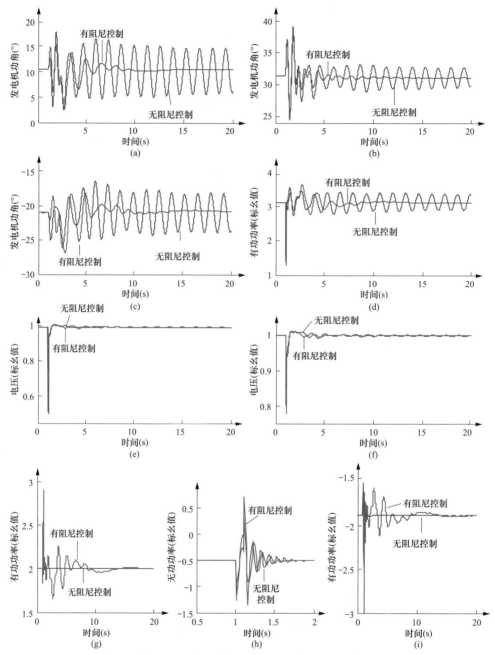

图 3-3　含 VSC-HVDC 多机系统大扰动暂态仿真结果（一）

（a）发电机 G2-G7 之间功角差；（b）发电机 G2-G5 之间功角差；（c）发电机 G5-G7 之间功角差；

（d）交流线路 B30-B19 有功功率；（e）交流母线 B19 电压；（f）交流母线 B29 电压；

（g）VSC1 交流有功功率；（h）VSC1 交流无功功率；（i）VSC2 交流有功功率

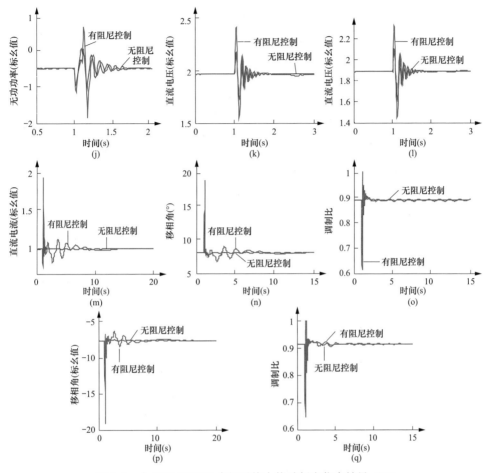

图 3-3 含 VSC-HVDC 多机系统大扰动暂态仿真结果（二）

（j）VSC2 交流无功功率；（k）VSC1 直流电压；（l）VSC2 直流电压；（m）直流电流；

（n）VSC1 移相角度；（o）VSC1 调制比；（p）VSC2 移相角度；（q）VSC2 调制比

将上述发电机 G7、G8 有功功率分别为 2.25（标幺值）和 3.06（标幺值）、VSC-HVDC 输送有功功率 2.0（标幺值）、交流输电线 B30-B19 输送有功 3.31（标幺值）所对应的系统稳态工作点记为潮流方式②。系统其他两种典型潮流方式①和③分别如表 3-2 所示。

表 3-2		系统的典型潮流方式		（标幺值）
潮流方式	G7 有功功率	G8 有功功率	交流线路功率	直流线路功率
①	1.50	2.50	3.00	1.00
②	2.25	3.06	3.31	2.00
③	3.00	4.00	4.00	3.00

对于潮流方式①和③，利用 Prony 辨识算法计算系统的等值降阶线性模型，并进一步求取模型在期望主导极点 $\lambda_0 = -0.67 + j4.4$ 处的幅值与相位，如表 3-3 所示。从表中可以看出，在潮流方式③下系统具有正实部的极点，因此该系统将是小干扰不稳定系统。

表 3-3　　　　　　　　　不同潮流方式下的系统等值降阶线性模型

潮流方式	Prony 极点	相应留数	阻尼比	$|G(\lambda_0)|$	$\arg[G(\lambda_0)]$
①	-5.251×10^{-5}	2.996			
	$-8.386 \times 10^{-2} \pm j4.409$	$1.178 \times 10^{-3} \pm j4.183 \times 10^{-3}$	0.019	1.073×10^{-2}	70.232°
	$-1.774 \times 10^{-1} \pm j5.670$	$2.091 \times 10^{-3} \pm j7.184 \times 10^{-3}$	0.031		
③	-5.491×10^{-6}	4.002			
	$7.743 \times 10^{-2} \pm j4.806$	$1.598 \times 10^{-3} \pm j7.610 \times 10^{-3}$	-0.016	1.094×10^{-2}	54.916°
	$-1.631 \times 10^{-1} \pm j5.845$	$-7.063 \times 10^{-4} \pm j3.787 \times 10^{-3}$	0.028		

综合三种潮流方式下等值降阶线性模型在主导极点处的相位，将阻尼控制器的相位补偿值调整为 $-64°$，对应 T_{dmp} 为 0.355s，K_{VSC} 则仍取为 0.95。对应该阻尼控制器参数整定值，三种潮流方式下系统大扰动暂态仿真结果分别如图 3-4～图 3-6

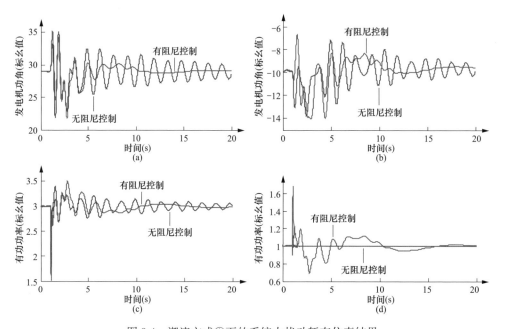

图 3-4　潮流方式①下的系统大扰动暂态仿真结果

(a) 发电机 G2-G7 之间功角差；(b) 发电机 G5-G7 之间功角差；

(c) 交流线路 B30-B19 有功功率；(d) VSC1 交流有功

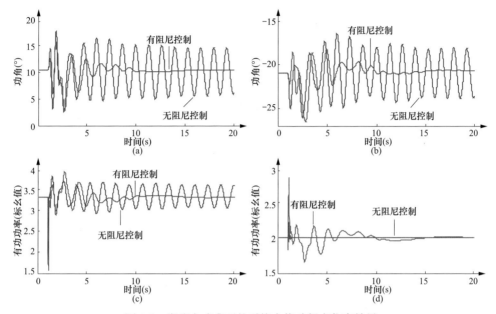

图 3-5　潮流方式②下的系统大扰动暂态仿真结果

（a）发电机 G2-G7 之间功角差；（b）发电机 G5-G7 之间功角差；

（c）交流线路 B30-B19 有功功率；（d）VSC1 交流有功

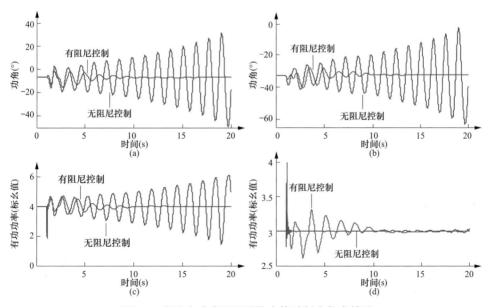

图 3-6　潮流方式③下的系统大扰动暂态仿真结果

（a）发电机 G2-G7 之间功角差；（b）发电机 G5-G7 之间功角差；

（c）交流线路 B30-B19 有功功率；（d）VSC1 交流有功

所示。从图中可以看出，在不同潮流方式下，VSC-HVDC 附加阻尼控制器均能够显著增加系统振荡阻尼，快速恢复系统稳定。因此，所设计的 VSC-HVDC 阻尼控制器具有较好的鲁棒性。

3.2 与弱交流电网混联系统的大扰动行为机理及稳定控制

3.2.1 柔性直流与交流电网混联系统

因提升供电可靠性和充裕性需要，VSC-HVDC 与外部交流通道联合向受端电网供电，已成为 VSC-HVDC 应用的一类重要场景，如大连 VSC-HVDC 交直流混联送电工程的原规划场景、非洲纳米比亚 Caprivi Link HVDC Interconnecter 工程的建成场景，以及厦门和舟山 VSC-HVDC 供电工程的建成场景，等等。对应这类场景，交直流混联系统典型拓扑结构如图 3-7（a）所示。若受端交流电网

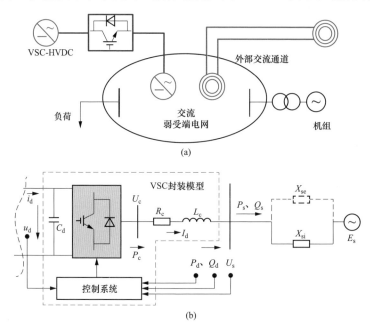

图 3-7　柔性直流与交流混联电网系统及等效模型

（a）柔性直流与交流电网混联系统；（b）混联系统等效模型

U_c、P_c—VSC 出口侧电压和有功功率；P_d、Q_d、P_s、Q_s—VSC 输出的和注入交流电网的有功功率与无功功率；U_s—换流母线电压；u_d、i_d、I_d—VSC 直流侧电压、电流以及交流侧电流；R_c、L_c、C_d—换相电抗器阻值、电感、直流侧电容；X_{si}、X_{se}—受端电网以及外部交流电网的戴维南等值电抗；E_s—交流电网戴维南等值电势

中电源支撑能力不足，则部分重要外部交流通道受大扰动冲击开断，会形成 VSC-HVDC 与弱交流电网混联系统，对应稳定性将发生显著变化。

3.2.2 计及限幅和故障穿越策略的柔性直流机电暂态模型

如 1.1.1 所述，VSC-HVDC 机电暂态仿真模型可划分为 VSC 交流侧模型、直流输电系统动态模型以及控制系统模型三个部分。其中，VSC 交流侧模型、直流输电系统动态模型分别如 1.1.1.1 和 1.1.1.2 所述。

VSC 通常采用具备外环和内环两层结构的双环解耦控制器，面向 VSC-HVDC 实际工程，还需模拟电压限幅、电流限幅、故障穿越策略等环节，以及过电压与过电流保护等功能。一种面向实际 VSC-HVDC 工程的计及限幅环节及故障穿越策略（FRTS）模拟的 VSC 控制与保护系统模型如图 3-8 所示。

VSC 控制系统模型中主要控制器及相关策略和功能分别如下所述。

（1）外环控制器。外环控制器分为有功功率和无功功率两类控制，前者具有直流电压 u_d 控制和考虑直流电压限幅的有功功率 P_d 控制方式，后者具有无功功率 Q_d 控制和交流电压 U_s 控制方式。各电气量与其参考值之间的偏差信号，经比例积分 PI 调节器，输出 d 轴与 q 轴电流的参考值 I_{ddref*}、I_{dqref*}。图 3-8 中，S_d、S_q 为控制方式选择标志位；K_{uL}、K_P、K_u、K_Q、K_U 和 T_{uL}、T_P、T_u、T_Q、T_U 分别为外环 PI 调节器的增益系数和积分时间常数；u_{dmax}、u_{dLmax}、P_{dmax}、u_{dmax}、Q_{dmax}、U_{smax} 和 u_{dmin}、u_{dLmin}、P_{dmin}、u_{dmin}、Q_{dmin}、U_{smin}，以及 P_{dref}、u_{dref}、Q_{dref}、U_{sref} 分别为相应电气量的上下限幅和参考值。

（2）内环控制器。内环控制器采用解耦控制，以消除被控对象 VSC 在 d 轴与 q 轴上的交叉耦合项 $\omega L_c I_{dq}$ 和 $\omega L_c I_{dd}$。参考电流 I_{ddref}、I_{dqref} 与 I_{dd}、I_{dq} 间的偏差经 PI 调节器，输出电压目标值 U_{cdo}、U_{cqo}，忽略调制动态，该电压即为 VSC 出口电压。图 3-8 中，K_{ip}、T_{ip} 为内环 PI 调节器增益系数和积分时间常数；I_{ddmax}、U_{cdmax} 和 I_{ddmin}、U_{cdmin} 分别为电流和电压 d 轴值的上下限幅；I_{dqmax}、U_{cqmax} 和 I_{dqmin}、U_{cqmin} 分别为电流和电压 q 轴值的上下限值。

（3）交流故障穿越策略。交流故障穿越策略是保障电网故障扰动过程中，基于电力电子器件的 VSC 维持运行不脱网的重要技术措施。一种面向实际工程的 VSC 交流故障穿越策略，依据 U_s 跌落幅度实施相应的电流限幅控制。故障扰动过程中，当 $U_s < U_{sL1}$ 时，FRTS 启动，I_{dd} 电流限幅取值为故障前 T_m 时刻的电流参考值 I_{ddTm}；当 $U_s < U_{sL2}$ 时，对应交流严重故障，I_{dd} 与 I_{dq} 电流限幅取值分别为设定限幅 I_{ddF} 和 0；故障恢复期间，当 $U_s > U_{sH}$ 时，FRTS 退出，电流按指

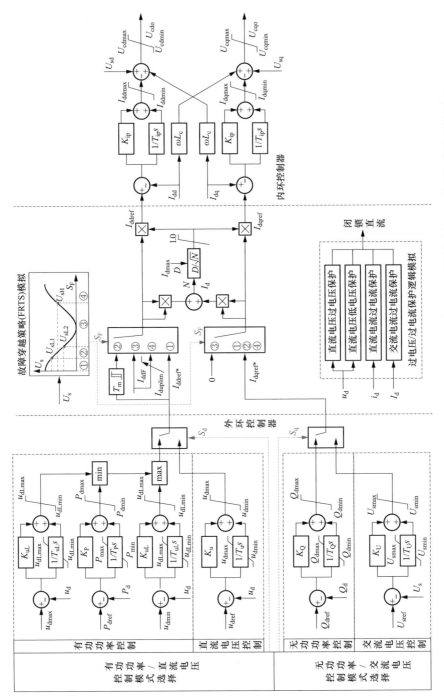

图 3-8　面向实际 VSC-HVDC 工程的计及限幅环节及故障穿越策略模拟的 VSC 控制与保护系统模型

定速率 I_{duplim} 增长恢复，直至达到 I_{ddref*} 和 I_{dqref*}。S_F 是 FRTS 不同状态的标志位。

（4）过电压与过电流保护功能，包括直流电压过压保护与低压保护、直流和交流电流过电流保护模拟。当电气量超过设定的保护门槛值及持续时间，闭锁 VSC-HVDC。

3.2.3 VSC 大扰动功率特性及影响因素分析

3.2.3.1 VSC 大扰动功率特性分析

如图 3-7 所示，对于交流电网，VSC-HVDC 可视为单点接入的并联型设备。由于 VSC 输出电压控制以 U_s 为参考相量，且机电暂态尺度下不计及 PLL 动态，因此，VSC 受扰响应仅取决于 U_s 幅值变化过程，与交流电网可解耦考察。

为此，模拟 E_s 按式（3-11）做强制半周期波动，以测试辨识 VSC 大扰动功率响应特性。

$$E_s(t) = \begin{cases} E_{s0}, & t < t_f, \ t > t_f + \dfrac{\pi}{\omega_s} \\ E_{s0} - \Delta E_s \sin[\omega_s(t - t_f)], & t_f \leqslant t \leqslant t_f + \dfrac{\pi}{\omega_s} \end{cases} \quad (3\text{-}11)$$

式中：E_{s0}、ΔE_s 和 ω_s 分别为交流等值内电势稳态初值、扰动幅度和扰动角频率；t_f 为扰动开始时刻。

（1）定有功功率 P_d 和定无功功率 Q_d 控制方式。图 3-7 所示系统中，VSC 采用定有功功率 P_d 和定无功功率 Q_d 控制方式（记为 C_{PQ} 方式），参考值 P_{dref} 和 Q_{dref} 分别为 1250MW 和 200Mvar，FRTS 及相关参数取值为 $U_{sL1} = 0.8$（标幺值），$U_{sL2} = 0.5$（标幺值），$U_{sH} = 0.7$（标幺值），$I_{ddF} = 0.6$（标幺值），$I_{duplim} = 1.0$（标幺值）/s。等值内电抗取值为 1.0×10^{-4}（标幺值），对应式（3-11）中 $\Delta E_s = 1.0$（标幺值）、$\omega_s = 0.3927\text{rad/s}$ 的换流母线电压 U_s 大幅跌落与回升过程，VSC 输出的 d 轴与 q 轴电流，以及有功功率 P_d 和无功功率 Q_d 的大扰动暂态响应如图 3-9 所示，其中，电流以 VSC 额定电流为基准、功率以系统基准容量 100MVA 为基准。

对图 3-9 所示 VSC 大扰动暂态响应曲线，分段解析如下。

1）$U_s > U_{sL1}$，对应 U_s 初始跌落 oa 段。响应电压跌落，定有功功率 P_d 和定无功功率 Q_d 控制器分别调节增大 I_{dd}、I_{dq} 以抑制功率下降，I_{dd} 在达到上限幅后维持恒定。该过程中，$o'a$ 段因 I_{dd} 达到上限幅，P_d 将随电压跌落线性下降，下降速率较 oo' 段增大，Q_d 则小幅下降。

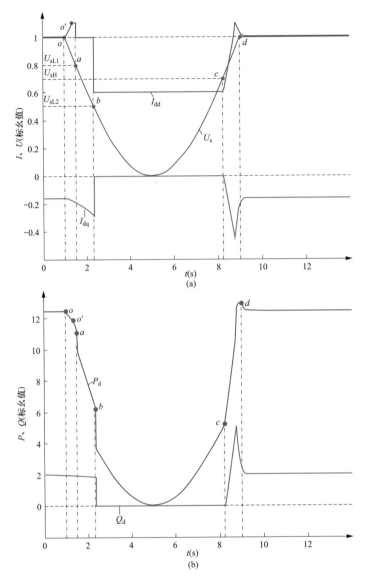

图 3-9　VSC 电气量大扰动暂态响应

（a）电流 I_{dd} 和 I_{dq} 暂态响应；（b）功率 P_d 和 Q_d 暂态响应

2）$U_{sL2}<U_s<U_{sL1}$，对应 U_s 持续跌落的 ab 段。a 时刻，U_s 低于 U_{sL1}，S_F 取值由①变为②，FRTS 启动；该过程中，I_{dd} 限幅为扰动前电流参考值 I_{ddTm}，I_{dq} 则仍调节增大，对应 P_d 随电压跌落线性下降，Q_d 持续小幅下降。

3）$U_s<U_{sL2}$ 之后且 $U_s<U_{sH}$，对应 U_s 深度跌落及初始恢复的 bc 段。b 时

刻，U_s 低于 U_{sL2}，S_F 取值由②变为③，VSC 进入电压深度跌落对应的严重故障限流模式，I_{dd} 和 I_{dq} 分别强制设定为 I_{ddF} 和 0，对应 P_d 和 Q_d 阶跃下降。该过程中，P_d 随 U_s 跌落与恢复线性减小和增大，Q_d 则始终为 0。

4）$U_s > U_{sH}$，对应 U_s 提升至正常水平的 cd 段。c 时刻，U_s 大于 U_{sH}，S_F 取值由③变为④，FRTS 退出，VSC 进入恢复模式，I_{dd} 和 I_{dq} 按指定速率提升，直至达到扰动前水平。该过程中，在 U_s 恢复增大和 I_{dd}、I_{dq} 提升增加两方面因素共同作用下，P_d 和 Q_d 均快速达到扰动前水平。

与图 3-9 对应，C_{PQ} 方式下 VSC 大扰动电压—功率特性曲线 U_s-P_d 和 U_s-Q_d 如图 3-10 所示。从图中可以看出，U_s-P_d 和 U_s-Q_d 均为包含多段线性特征的非线性功率特性曲线，受电流限幅和 FRTS 影响，功率特性曲线中存在非连续跃变区间。此外，需要特别强调指出的是，U_s-P_d 和 U_s-Q_d 中对应 FRTS 退出后的功率恢复特性，即 cd 段强制恢复区间，是 VSC 注入电流 I_{dd}、I_{dq} 与按式（3-11）强制变化的 U_s 共同作用下的理想功率特性。实际系统中，该阶段 VSC 功率特性则取决于 I_{dd}、I_{dq} 及其作用于交流电网形成的 U_s。

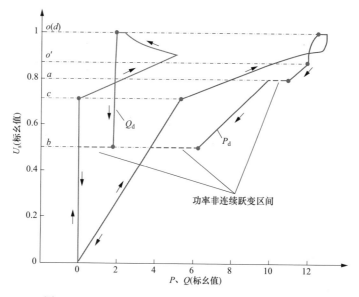

图 3-10 C_{PQ} 方式下 VSC 大扰动电压—功率特性曲线

（2）定有功功率 P_d 和定电压 U_s 控制方式。采用定有功功率 P_d 和定电压 U_s 控制方式（记为 C_{PU} 方式），VSC 的 U_s-P_d 和 U_s-Q_d 功率特性曲线如图 3-11 所示。从图中可以看出，与 C_{PQ} 方式相比，受定 U_s 调控作用，Q_d 响应的差异主要

体现在 ob 段，其中，I_{sq} 上升且未达到限幅前的 oa 段，Q_d 快速增大，ab 段则因 I_{sq} 维持上限，Q_d 随 U_s 跌落线性减小。P_d 响应则与 C_{PQ} 方式无明显差异。

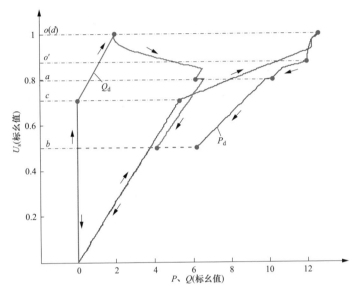

图 3-11 C_{PU} 方式下 VSC 大扰动功率特性曲线

由以上响应曲线可以看出，VSC 大扰动功率特性与 FRTS 及其参数之间，具有强相关性，同时也与 VSC 运行功率关联。以下将考察这些因素对 VSC 特性的影响。

3.2.3.2 VSC 功率特性的影响因素分析

（1）FRTS 模拟的影响。VSC 采用 C_{PQ} 和 C_{PU} 两种不同控制方式，有无 FRTS 模拟的 VSC 大扰动功率特性的对比曲线如图 3-12 所示。可以看出，无 FRTS 时，受电压降低后 I_{dd} 维持上限幅的影响，P_d 将随 U_s 跌落线性连续减小；对于 Q_d，在 C_{PU} 方式下，I_{dq} 增至限幅后，其随 U_s 跌落线性连续减小，在 C_{PQ} 方式下，其变化幅度则较小。由于 I_{dd} 有 FRTS 限幅，因此 $U_s < U_{sL2}$ 的低电压运行区间 P_d 将减小，即 FRTS 可限制 P_d 输出水平。

（2）FRTS 中 I_{ddF} 取值的影响。C_{PQ} 方式下，对应 FRTS 中 I_{ddF} 取值为 0.6（标幺值）、0.5（标幺值）和 0.4（标幺值）的三种情况，VSC 大扰动功率特性的对比曲线如图 3-13 所示。可以看出，$U_s < U_{sL2}$ 的低电压运行区间，减小 I_{ddF} 取值可相应降低 P_d 水平。此外，减小 I_{ddF} 可提升相同 P_d 对应的运行电压 U_s。

（3）VSC 运行功率的影响。C_{PQ} 方式下，对应初始运行功率为 $100\%P_N$、80%

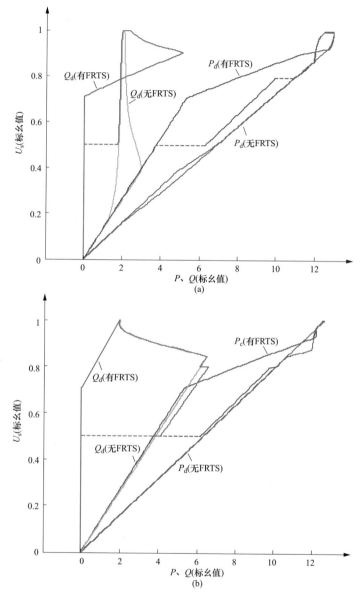

图 3-12　不同控制方式下 FRTS 对 VSC 大扰动功率特性的影响
（a）采用 C_{PQ} 控制方式；（b）采用 C_{PU} 控制方式

P_N 和 $50\% P_N$（P_N 为额定功率）的三种情况，VSC 大扰动功率特性的对比曲线如图 3-14 所示。可以看出，$U_s < U_{sL2}$ 的低电压运行区间中，减小初始运行功率可相应降低 P_d 水平。此外，减小初始运行功率可提升相同 P_d 对应的运行电压 U_s。

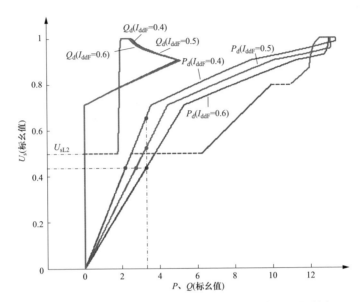

图 3-13　FRTS 中参数 I_{ddF} 对 VSC 大扰动功率特性的影响

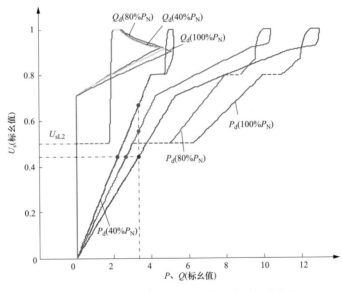

图 3-14　初始运行功率对 VSC 大扰动功率特性的影响

3.2.3.3　VSC-HVDC 大扰动功率特征评述

综合 VSC 大扰动功率响应及其影响因素分析，可以看出，其具有如下特征。

（1）因限幅环节、FRTS 等因素作用，换流母线电压大扰动变化过程中，

VSC 具有多段恒电流运行特性，对应功率特性曲线 U_s-P_d 和 U_s-Q_d 具有多段线性区间，整体则呈现出强非线性。

（2）FRTS 启动引起的电流限幅值跃变，会使 VSC 功率特性曲线 U_s-P_d 中出现非连续跃变区间。

（3）计及 FRTS 作用时，在 U_s 跌落过程中，C_{PQ} 和 C_{PU} 两种不同控制方式下的 U_s-P_d 基本一致；与 C_{PQ} 方式相比，U_s 跌落至 U_{sL2} 前，C_{PU} 方式下 VSC 可增加无功功率 Q_d 输出。

（4）减小 FRTS 的 I_{ddF} 设定值以及减小 VSC 初始运行功率，可减小低电压期间 VSC 有功功率；进而有助于提升电压 U_s。

3.2.4 混联系统大扰动稳定性及控制策略

3.2.4.1 混联系统典型运行点

对应图 3-7 所示系统，若部分外部互联交流通道发生断线等大扰动故障，则受端等值交流电网强度减弱，混联系统运行工况将发生变化。混联系统稳定与否，一方面，取决于扰动后 VSC 功率特性曲线与交流电网功率特性曲线是否存有交点，即是否具有平衡点；另一方面，取决于 VSC 控制系统动态调节，能否使混联系统过渡至稳定平衡点。

对应图 3-7 所示交流电网，其功率特性如式（3-12）和式（3-13）所示，式中，X_s 为交流综合等值电抗，如式（3-14）所示。

$$(U_s^2)^2 - (2Q_sX_s + E_s^2)U_s^2 + X_s^2(P_s^2 + Q_s^2) = 0 \tag{3-12}$$

$$U_s = \sqrt{\frac{E_s^2}{2} + Q_sX_s \pm \sqrt{\frac{E_s^4}{4} - X_s^2P_s^2 + X_sE_s^2Q_s}} \tag{3-13}$$

$$X_s = X_{se}X_{si}/(X_{se} + X_{si}) \tag{3-14}$$

以 VSC 采用 C_{PQ} 控制方式为例，相关参数如 3.2.3.1 所示，考虑 FRTS 动作对 Q_d 的影响，并忽略 Q_d 小幅波动，则对应大扰动后交流电网不同强度，即 X_s 不同取值的 U_s-P_s 功率特性鼻形曲线簇如图 3-15 所示。

对应图 3-15 所示 U_s-P_s 与 U_s-P_d，依据二者交点即运行点 O_α、O_β、O_γ 的不同特点以及有无交点，可将大扰动冲击后混联系统典型运行点分为四种：①运行点 O_α，位于 U_s-P_d 非连续跃变区间；②运行点 O_β，位于 U_s-P_d 连续变化区间；③运行点 O_γ，位于 U_s-P_d 强制恢复区间；④无运行点。

以下将分析各典型运行点的稳定性，并结合 3.2.3.2 VSC 功率特性的影响因素分析，提出改善混联系统稳定性的控制策略。

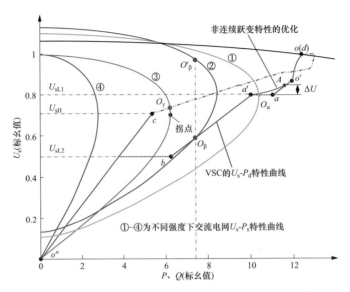

图 3-15　交流电网不同强度下混联系统典型运行工况

3.2.4.2　典型运行点稳定性分析及优化控制策略

（1）位于 U_s-P_d 非连续跃变区间的运行点 O_α。故障后，当 U_s-P_s 相交 U_s-P_d 于非连续跃变区间的 O_α 时，运行点将会在 a 与 a' 间漂移往复，造成 P_d 和 U_s 振荡，混联系统无法稳定运行。

为改善该区间混联系统稳定性，应调整 $U_s<U_{sL1}$ 时 FRTS 限流策略，避免 I_{ddref} 跃变。一种可行的优化调整策略如式（3-15）和式（3-16）所示，即在 $U_{sL1}<U_s<U_{sL1}+\Delta U$ 的 Aa 区间中，随 U_s 降低，I_{ddref} 线性减至目标限制值 I_{ddTm}，从而使得 U_s-P_d 连续变化，如图 3-15 所示。

$$I_{ddref}=I_{dd}\big|_{U_s=U_{sL1}+\Delta U}+K[U_s-(U_{sL1}+\Delta U)] \tag{3-15}$$

$$K=(I_{dd}\big|_{U_s=U_{sL1}+\Delta U}-I_{ddTm})/\Delta U \tag{3-16}$$

（2）位于 U_s-P_d 连续区间的运行点 O_β。故障后，U_s-P_s 与 U_s-P_d 的交点 O_β 位于后者 $a'b$ 连续变化区间时，由于 O_β 处于 U_s-P_s 鼻形曲线下半部分的低电压大电流运行状态，VSC 输出 I_{dd} 受 FRTS 限幅。该状态下，若混联系统受到小扰动使得 U_s 增大，则在定 P_d 调节器作用下，I_{dd} 将相应减小，减小的 I_{dd} 作用于交流电网，将进一步增大 U_s，并继而持续减小 I_{sd}。对应该过程，混联系统的运行点将由 O_β 自动滑至相同 P_d 对应的高电压小电流状态，即 O'_β 点，如图 3-15 所示。因此，O_β 为小扰动不稳定平衡点，O'_β 则为故障后稳定平衡点。

若故障扰动后，混联系统运行点悬停在不稳定平衡点，则可施加 VSC 参考电流的小幅摄动量，使运行点过渡至稳定平衡点。

（3）位于 U_s-P_d 强制恢复区间的运行点 O_γ。遭受大扰动冲击使 $U_s < U_{sL1}$ 之后，在混联系统动态轨迹沿 $o''c$ 上升的过程中，越过 c 点即 $U_s > U_{sH}$ 时，FRTS 退出，I_{dd} 和 I_{dq} 将在恢复策略作用下，按设定速率 I_{duplim} 线性增长。I_{dd} 和 I_{dq} 及其作用于交流电网 X_s 形成的 U_s，共同决定 VSC 输出功率 P_d，P_d 动态轨迹沿交流电网 U_s-P_s 变化。

如图 3-15 所示，随 VSC 注入电流增加，当动态轨迹位于 U_s-P_s 曲线③的上半部分时，P_d 增大 U_s 降低，越过拐点后，P_d 减小 U_s 则仍持续降低，当 $U_s < U_{sL2}$ 时，FRTS 将再次强制限定 I_{dd} 为 I_{ddF}。对应该过程，P_d 动态轨迹将在 U_s-P_d 与 U_s-P_s 的 U_{sL2} 和 U_{sH} 区间周期性交替切换，混联系统无法建立稳态运行点。为此，可应用式（3-17）或式（3-18）作为 I_{dd} 和 I_{dq} 恢复增长的停止判据，以维持 P_d 最大功率传输或 U_s 为设定电压 U_{sth}。

$$\frac{\mathrm{d}P_d}{\mathrm{d}U_s} = 0 \tag{3-17}$$

$$U_s \leqslant U_{sth} \tag{3-18}$$

（4）U_s-P_d 与 U_s-P_s 无公共运行点。大扰动冲击后的 $o''c$ 区间，FRTS 限定 I_{dd} 和 I_{dq} 分别为 I_{ddF} 和 0，对应 VSC 有功功率 P_d 和无功功率 Q_d 分别为 $U_s I_{ddF}$ 和 0，将其带入式（3-13），可得 U_s 如式（3-19）所示。

$$U_s = \sqrt{E_s^2 - X_s^2 I_{ddF}^2} \tag{3-19}$$

由式（3-19）可知，若 U_s 无解，则 U_s-P_s 与 U_s-P_d 无公共运行点，即混联系统无稳态运行点。若 U_s 有解，对应系统基准容量和 VSC 基准容量分别取值为 S_B、S_{VSC} 的 X_s 和 I_{ddF}，应分别满足式（3-20）和式（3-21）所示关系，即

$$X_s \leqslant E_s S_B / I_{ddF} S_{VSC} \tag{3-20}$$

$$I_{ddF} \leqslant E_s S_B / X_s S_{VSC} \tag{3-21}$$

对应 U_s 达到设定门槛值 U_{sth} 及以上，则 X_s 和 I_{ddF} 应分别满足式（3-22）和式（3-23），即

$$X_s \leqslant \sqrt{E_s^2 - U_{sth}^2} S_B / I_{ddF} S_{VSC} \tag{3-22}$$

$$I_{ddF} \leqslant \sqrt{E_s^2 - U_{sth}^2} S_B / X_s S_{VSC} \tag{3-23}$$

故障后，若交流电网 X_s 显著增大使 U_s-P_s 与 U_s-P_d 无交点，如图 3-15 中曲线④所示，则混联系统将无法稳定运行。为恢复系统稳定，对应既定的 X_s，可调整 I_{sdF} 设置，使其满足式（3-21）或式（3-23）。

3.2.4.3 混联系统稳定控制策略

为保障大扰动故障冲击下，VSC-HVDC 与交流通道联合供电的弱受端电网稳定运行，可采取的措施有：①可进行预想故障扫描，针对显著弱化受端电网强度的故障，若混联系统无稳态运行点或运行点电压低于设定门槛值 U_{sth}，则重置 FRTS 参数 I_{sdF}；②实时监测故障扰动后混联系统运行状态，若出现因电流恢复引起的动态不稳定，则停止 I_{dd} 和 I_{dq} 增长；③U_s 低于设定门槛值 U_{sth} 且时间超过 T_D，则施加有功电流摄动量 ΔI_{ddref}，若 U_s 悬停于 U_{sL2} 与 U_{sH} 之间的不稳定平衡点，可使混联系统运行点在 VSC 控制器作用下自行滑至 U_s-P_s 曲线上半部分的稳定平衡点，若 U_s 仍低于 U_{sth} 且持续时间超过 T_S，则回降直流功率 ΔP_d 以提升 U_s。此外，设置动作标志位 F_D，以避免电流摄动控制频繁动作。

综合以上分析，应对扰动冲击后不同运行工况，提升 VSC-HVDC 与弱交流电网混联系统稳定性的控制策略如图 3-16 所示。

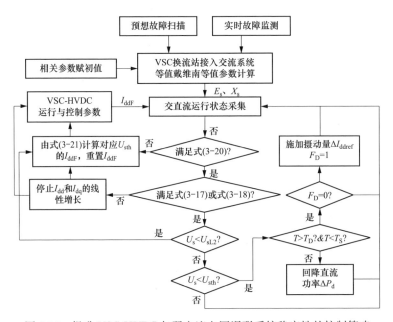

图 3-16 提升 VSC-HVDC 与弱交流电网混联系统稳定性的控制策略

3.2.5 混联系统特性仿真及稳定控制效果验证

3.2.5.1 混联系统及相关参数

针对如图 3-7 所示系统，考察交流外送通道开断导致 X_s 不同程度增大所对应的各种工况的稳定性，以及相应控制策略的有效性。其中，VSC 采用 C_{PQ} 控制方式，P_d 和 Q_d 分别为 1250MW、200Mvar，FRTS 主要参数设置为 $U_{sL1}=$ 0.8（标幺值），$U_{sL2}=0.5$（标幺值），$U_{sH}=0.9$（标幺值），$I_{ddF}=0.4$（标幺值）。交流系统和 VSC 的基准容量 S_B、S_{VSC} 分别取值为 100MVA 和 1250MVA。此外，U_{sth} 取值考虑为 0.8（标幺值）、0.85（标幺值）和 0.9（标幺值）等不同情况，T_D 和 T_S 分别为 2.0s 和 3.0s。

3.2.5.2　工作点漂移现象及优化调整效果

故障扰动后，若 X_s 跃变至 0.06（标幺值），则 U_s-P_s 相交于 U_s-P_d 的 aa' 段，如图 3-15 中曲线①所示，工作点出现漂移，对应混联系统电压 U_s 与 VSC 输出功率 P_d 出现小幅高频波动，且电压低于 $U_{sth}=0.9$（标幺值）。依据式（3-15）和式（3-16）优化调整 FRTS 策略，使得 U_{sL1} 近区 U_s-P_d 连续变化，式中 ΔU、K 分别取值为 0.05（标幺值）、1.0。此外，当 U_s 持续低于 U_{sth} 超过 3.0s 时，实施图 3-16 所示直流功率紧急回降控制，回降量 ΔP_d 为 350MW，对应 U_s 可提升至 0.95（标幺值）。对应有无 FRTS 优化及直流功率回降控制，混联系统响应对比如图 3-17 所示。

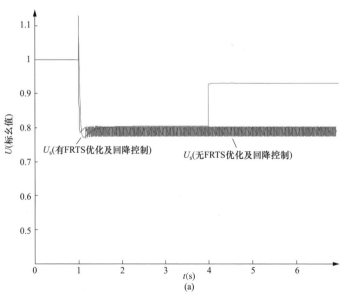

图 3-17　FRTS 优化调整及直流功率回降效果（一）

（a）电压 U_s

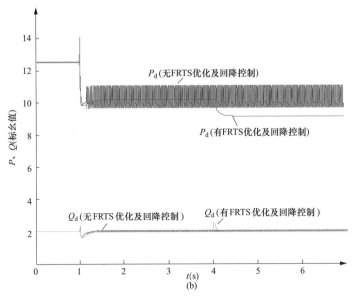

图 3-17 FRTS 优化调整及直流功率回降效果（二）

（b）功率 P_d 和 Q_d

3.2.5.3 小扰动不稳定现象及稳定控制效果

故障扰动后，若 X_s 跃变至 0.075（标幺值），U_s-P_s 与 U_s-P_d 的交点将位于前者下半部分，如图 3-15 中曲线②所示，混联系统处于低电压大电流运行的小扰动不稳定平衡点。由于扰动后 U_s 为 0.59（标幺值），悬浮于 U_{sth} 以下，为此，施加电流 ΔI_{sdref} 摄动控制。如图 3-18 所示，摄动控制后，混联系统可快速过渡至相同 P_d 对应的高电压小电流的稳定平衡点，U_s 为 0.97（标幺值）。

3.2.5.4 动态不稳定现象及稳定控制效果

故障扰动后，若 X_s 跃变至 0.08（标幺值），U_s-P_s 将相交于 U_s-P_d 的强制恢复区，如图 3-15 中曲线③所示。为清晰展示 P_d 受扰轨迹在 U_s-P_s 和 U_s-P_d 上交替切换导致的动态不稳定现象，调整设置 $Q_{dref}=0$。在此条件下，受扰后混联系统暂态响应如图 3-19 所示，可以看出，恢复期间 I_{dd} 线性提升，对应 P_d 沿 U_s-P_s 增长至最大值拐点后逐渐下降，U_s 则单调减小，并在满足 $U_s<U_{sL2}$ 时 I_{sd} 再次被 FRTS 限制减至 I_{ddF}。I_{dd} 减小使 U_s 迅速回升，并再次进入强制恢复区，如此混联系统各电气量形成周期性振荡，无法稳定运行。当满足式（3-17）所示最大传输功率判据，或式（3-18）所示电压门槛值判据时，停止 VSC 输出电流提升，则可恢复系统稳定，如图 3-9 所示，图中 U_{sth} 分别为 0.8（标幺值）和 0.9（标幺值）。

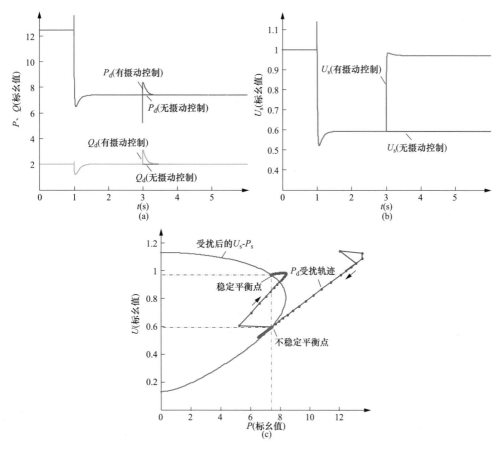

图 3-18 小扰动不稳定现象及电流摄动控制效果

（a）功率 P_d 和 Q_d；（b）电压 U_s；（c）P_d 动态轨迹

3.2.5.5 无稳态运行点现象及稳定控制效果

故障扰动后，若 X_s 跃变至 0.2（标幺值），对应交流电网显著减弱，则出现如图 3-15 中曲线④所示 U_s-P_s 与 U_s-P_d 无公共运行点的工况，混联系统将无法运行。当检测到 X_s 不满足式（3-22）时，利用式（3-23）可计算出对应 U_{sth} 为 0.8（标幺值）和 0.85（标幺值）的 I_{sdF} 最大取值分别为 0.24（标幺值）和 0.211（标幺值）。无稳态运行点现象及重置 I_{sdF} 控制效果如图 3-20 所示。从图中可以看出，重置 I_{sdF} 取值，限制 VSC 送电功率，可使混联系统维持稳定，且电压能够提升至 U_{sth}。

以上时域仿真结果，验证了大扰动冲击后，VSC-HVDC 与弱交流电网混联系统存在多种形态的不稳定现象，依据混联系统运行状态，对应实施图 3-16 所

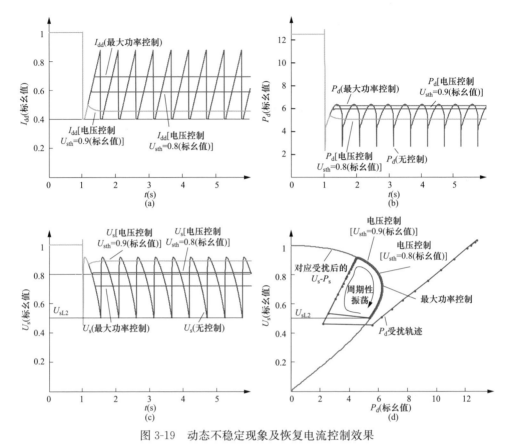

图 3-19　动态不稳定现象及恢复电流控制效果

（a）VSC 有功电流 I_{dd}；（b）VSC 有功功率 P_d；（c）电压 U_s；（d）P_d 动态轨迹

示控制策略，可维持系统稳定。此外，需要强调指出的是，混联系统稳定性与
VSC 大扰动功率响应特性强相关，即与 VSC 控制策略和保护逻辑强相关，因此，
针对不同的 VSC-HVDC 系统，需在评估其差异化响应特性的基础上，制定与之
相匹配的稳定控制策略。

3.3　柔性直流接入弱受端电网稳定特性及优化措施

3.3.1　柔性直流接入对弱受端电网稳定性影响

3.3.1.1　弱受端电网

西藏电网通过柴拉直流与西北电网异步互联，通过 500kV 长链式交流线路
与西南主网同步互联。由于西藏与西南主网电气联系薄弱，易发生通道中断故障

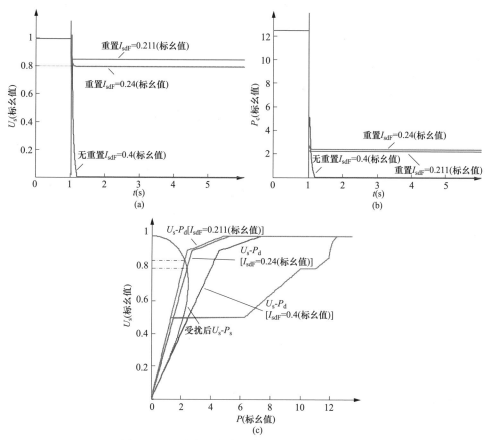

图 3-20　无稳态运行点现象及重置 I_{sdF} 控制效果

（a）电压 U_s；（b）功率 P_d；（c）混联系统受扰后运行点

形成孤网，孤岛电网转动惯量较小且电压支撑能力较弱，属于弱受端电网。同时感应电动机在西藏电网工业负荷中占有较大比例，线路发生短路故障后，电动机负荷从交流电网吸收的无功功率随着转子滑差增大而持续增加，使西藏电网面临电压失稳风险。若通过柔性直流将西藏电网与区外电网相连，可以利用柔性直流在电网恢复过程中向系统提供动态无功支撑的特性提高西藏孤岛电网的电压稳定性。

3.3.1.2　不同直流接入方式下的电网暂态响应

柴拉直流分别采用常规直流、柔性直流和并联双馈入混合直流向西藏电网送电，其中并联双馈入混合直流输电系统结构如图 3-21 所示。初始状态下常规直流和柔性直流传输有功功率为 600MW，混合直流中每一回馈入直流功率为 300MW，直流与交流系统交换的无功功率均为 0，考察三种不同接入方案下西藏弱受端电网故障后恢复特性的差异。

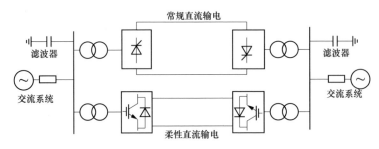

图 3-21   并联双馈入混合直流输电系统结构

孤网运行方式下，西藏电网内部拉萨—墨竹工卡 220kV 线路发生三相接地短路故障，0.12s 后保护动作切除故障线路，三种直流接入方式下系统暂态响应如图 3-22 所示。可以看出，采用柔性直流输电时，故障消除后拉萨换流站母线

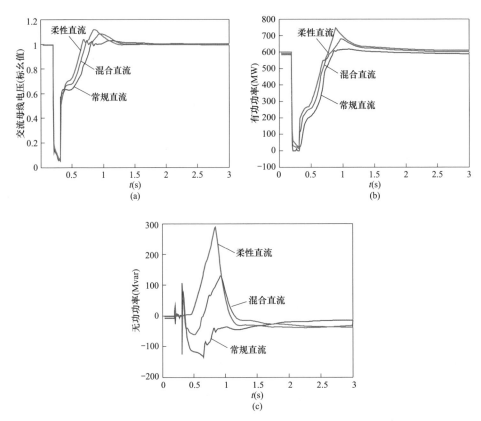

图 3-22   不同直流接入方式下西藏电网暂态响应对比

（a）换流站母线电压；（b）换流站注入交流系统有功功率；（c）换流站注入交流系统无功功率

电压恢复速度更快，这是因为柔性直流换流器在定交流电压控制下能够向交流电网提供动态电压支撑，最大可输出 300Mvar 无功功率，而采用常规直流输电时，由于滤波器在电压恢复阶段无法完全补偿换流器无功消耗，换流站需要向交流系统吸收 120Mvar 无功功率。与常规直流和柔性直流相比，采用混合直流输电时换流站既从交流系统吸收无功，也向交流系统发出无功，相应的电压和有功功率恢复过程介于两者之间。

3.3.2 柔性直流接入对电网故障恢复特性的影响

3.3.2.1 柔性直流控制方式的影响

西藏孤岛电网通过柔性直流与外部电网互联，受端拉萨换流站分别采用定有功功率控制和定无功功率控制方式（记为 C_{PQ} 方式）、定有功功率控制和定交流电压控制方式（记为 C_{PU} 方式），并且都配置有故障穿越控制策略，相关参数为 $U_{sL1}=0.8$（标幺值），$U_{sL2}=0.5$（标幺值），$U_{sH}=0.7$（标幺值），$I_{cdF}=0.5$（标幺值），$I_{cuplim}=1.0$（标幺值）/s。拉萨换流站近区拉萨—墨竹工卡线路发生三永 $N-2$ 故障导致换流母线电压大幅跌落，两种控制方式下换流母线电压、柔性直流向交流系统传输有功功率和无功功率的大扰动暂态响应如图 3-23 所示。

采用 C_{PQ} 方式控制时，故障后换流母线电压迅速跌落至 U_{sL2} 以下，柔性直流故障穿越控制启动严重故障限流模式，i_d 被强制设定为 I_{cdF}，对应有功功率快速降低。切除故障线路后电压开始恢复，0.44s 换流母线电压恢复至 U_{sH}，故障穿越控制退出，之后进入恢复模式，i_d 按照指定速率提升，在内环控制器作用下

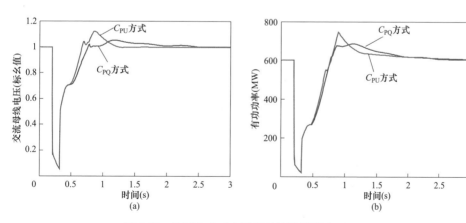

图 3-23 控制方式对电网恢复特性的影响（一）

（a）换流站母线电压；（b）换流站注入交流系统有功功率

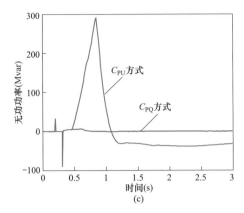

图 3-23　控制方式对电网恢复特性的影响（二）

（c）换流站注入交流系统无功功率

达到故障前的水平。在 U_s 恢复增大和 i_d 提升增加两方面因素共同作用下，P_s 快速达到扰动前水平。由于采用了定无功功率控制且参考值为 0，则 i_q 恒为零，相应的无功功率输出为零。

若采用 C_{PU} 方式控制，故障期间系统暂态响应与 C_{PQ} 方式控制基本一致。当故障穿越控制退出后，为保持交流电压恒定，i_q 按照指定速率提升，换流器向系统输出无功功率快速增大，系统电压恢复速度快于 C_{PQ} 方式控制，因此针对弱受端电网，采用 C_{PU} 方式控制更有利于电压稳定。

3.3.2.2　柔性直流传输功率的影响

为防止发生故障时产生的过电流损坏设备，柔性直流在内环控制器中设置了限流环节控制流过换流器的最大电流。流过换流器的电流 I 为 $\sqrt{i_d^2+i_q^2}$，当 I 达到设备运行的载流能力时，i_d 和 i_q 将会被相应限制，限幅值通常为 $1\sim1.2$（标幺值）。拉萨换流站采用 C_{PU} 控制方式，针对不同直流传输功率条件，进行受端系统交流系统短路故障仿真，分析直流传输功率对电网恢复特性的影响。换流器额定容量为 600MVA，考虑有无故障穿越控制的情况，直流传输功率为 600MW 和 400MW 时的仿真波形如图 3-24 所示。

可以看出，当直流传输功率为 400MW 时，受端系统电压恢复速度更快，这是由于故障后换流器电流迅速增大，若直流传输功率接近换流器额定容量，换流器电流将会达到限幅约束，被限制在 1.18（标幺值），相应的 i_d 和 i_q 也被等比例限幅，换流器无功功率输出降低。加入故障穿越控制后，故障发生后换流器电流立即被限制在 0.5（标幺值），在 $U_s<U_{sH}$ 的低电压运行阶段，故障穿越控制

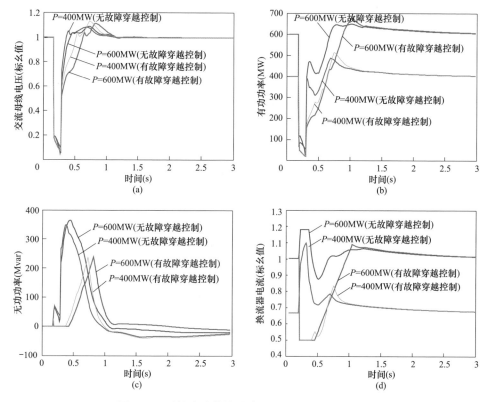

图 3-24　柔性直流传输功率对电网恢复特性的影响

（a）换流站母线电压；（b）换流站注入交流系统有功功率；

（c）换流站注入交流系统无功功率；（d）流过换流器电流

会限制 i_d 幅值，降低有功输出水平，故障结束后有功功率能够随电压逐渐恢复。对于无功功率，无故障穿越控制时，由于 i_q 不受限幅影响，故障期间换流器能够输出更多无功功率，使其具备更强的无功支撑能力，有助于加快电压恢复。

3.3.3　优化措施及效果

3.3.3.1　电压频率附加控制

为了充分利用柔性直流有功功率、无功功率独立调节的能力，在弱受端电网增加电压频率（voltage frequency，VF）附加控制。VF 控制包括交流电压调制和频率调制两种控制模式。就电压调制而言，当逆变侧采用 C_{PU} 方式控制时，其控制目标与 VF 控制目标相同，均为交流电压 U_s，因此此时 VF 控制将不起作用。当逆变侧采用 C_{PQ} 方式控制时，VF 控制将响应电压变化调整无功输出，此时 VF 控制的效果与逆变侧采用 C_{PU} 方式控制时的效果基本一致，如图 3-25 所示，可以看出交流电压和有功功率恢复特性基本一致。

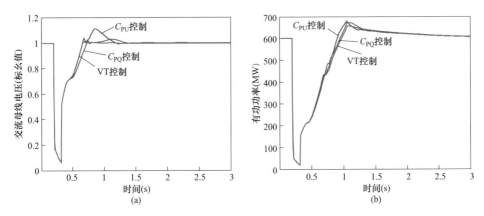

图 3-25　电压频率附加控制效果

（a）换流站母线电压；（b）换流站注入交流系统有功功率

3.3.3.2　故障穿越控制中 U_{sH} 优化效果

采用 C_{PU} 方式控制时，故障穿越控制中 U_{sH} 取值大小对电压恢复过程具有显著影响，U_{sH} 取值分别为 0.5（标幺值）、0.7（标幺值）和 0.9（标幺值）三种方案，故障后换流站电压和传输有功功率的对比曲线如图 3-26 所示。可以看出，U_{sH} 取值越小，定电压控制器使 i_q 开始增长的时间越早，促使换流器向交流系统提供更多的动态无功支撑，电压恢复速率也更快。因此针对弱受端电网，适当减小 U_{sH} 取值可提高系统的电压稳定性。

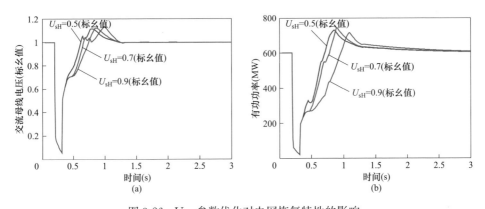

图 3-26　U_{sH} 参数优化对电网恢复特性的影响

（a）换流站母线电压；（b）换流站注入交流系统有功功率

此外，减小 U_{sH} 取值，可缩短换流器故障穿越控制将 i_d 限制在 I_{cdF} 的时间，当故障后电压恢复至 U_{sH} 时退出故障穿越控制，i_d 在恢复策略作用下，按设定速率 I_{cuplim} 线性增大，有功功率随着 i_d 的增加能够快速恢复。

U_{sH} 的最小值应不小于交流严重故障门槛值 U_{sL2}，同时 U_{sH} 取值也不宜过小，加快受端故障后电压的恢复速度的不同控制参数优化方案，其本质均是缩短换流器故障穿越控制时间。当直流传输功率接近换流器额定容量时，较早退出故障穿越控制，换流器电流将会在外环和内环控制器作用下达到设备允许的最大电流，长时运行可能引起设备损坏。因此，需兼顾直流传输功率及换流器额定容量大小综合制定优化方案。

3.4　大连 VSC-HVDC 交直流混联系统大扰动特性仿真

3.4.1　大连 VSC-HVDC 原规划方案及典型潮流方式

3.4.1.1　VSC-HVDC 原规划方案

原规划建设的大连柔性直流输电工程的两端换流站连接金家供电区与雁水供电区，工程建成后将成为大连市区南部电网与主网连接的第二条输电通道，与原有陆地交流链式输电通道（大陆主网—大连市北部电网—大连市南部电网）互为备用，可以有效提高市区南部电网的供电可靠性。

3.4.1.2　柔性直流"北电南送"400MW

柔性直流建成后，市区南部由两路电源供电（市区北部、柔性直流），从潮流合理分布、减少电网网损、提高事故响应速度的角度，建议柔性直流输电系统带市区南部电网负荷的一半。根据负荷预测情况，2013 年和 2015 年负荷分别约为 366MW 和 448MW。因此，建议柔性直流工程投运初期，正常方式输送潮流按 400MW 考虑。同时，应充分发挥柔性直流系统无功调节能力，控制地区电压在合理经济范围内。

3.4.1.3　柔性直流"北电南送"1000MW 方式

大连柔性直流输电工程额定送电功率为 1000MW，为考察直流大功率送电条件下混联电网动态特性和故障恢复特性，建立柔性直流大负荷运行方式。

3.4.1.4　柔性直流"南电北送"400MW 方式

500kV 金家变电站有 2 台 1000MVA 主变压器，单台主变压器检修时负荷转移至另一台运行主变压器，增加了正常运行主变压器潮流转送压力和系统损耗，可考虑充分利用柔性直流系统功率反转方便快捷的优势，补偿检修主变压器功率缺额。

根据电力平衡结果，金家地区 2013 年和 2015 年仍分别缺电 694MW 和 875MW。因此，建议柔性直流工程投运初期，金家变电站单主变检修方式下，柔性直流潮流按反送 400MW 考虑。同时，应充分发挥柔性直流系统无功调节能力，控制地区电压在合理经济范围内。

3.4.2 不同运行方式下大连混联电网直流闭锁故障特性分析

3.4.2.1 柔性直流"北电南送"400MW 方式

柔性直流淮河站至港东站"北电南送"400MW 方式下，直流故障闭锁对送受端交流电网的冲击影响如图 3-27 所示。

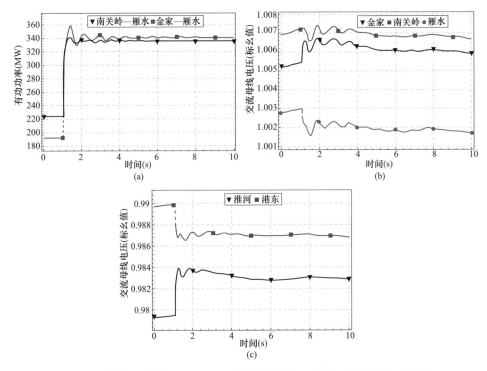

图 3-27 淮河－港东 VSC-HVDC"北电南送"400MW 方式闭锁故障冲击
(a) 500kV 线路功率；(b) 500kV 母线电压；(c) 220kV 母线电压

交直流并联运行条件下，直流闭锁故障后，直流送电功率将转移叠加至并联运行的交流通道，受端 500kV 电压可基本维持正常稳态运行水平，柔性直流送受端 220kV 母线电压分别提升和跌落，但幅度较小。潮流转移后，南关岭—雁水、金家—雁水两个 500kV 交流通道送端功率均达到 340MW 左右。

3.4.2.2 柔性直流"北电南送"1000MW 方式

柔性直流淮河站至港东站"北电南送"1000MW 方式下，直流故障闭锁对送受端交流电网的冲击影响如图 3-28 所示。

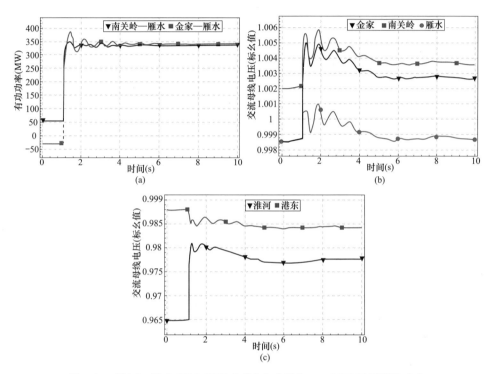

图 3-28 淮河—港东 VSC-HVDC "北电南送" 1000MW 闭锁故障冲击

（a）500kV 线路功率；（b）500kV 母线电压；（c）220kV 母线电压

交直流并列运行条件下，直流闭锁故障后，直流送电功率将转移叠加至并列运行的交流通道，受端 500kV 电压可基本维持正常稳态运行水平，柔性直流送受端 220kV 母线电压分别提升和跌落，但幅度较小。潮流转移后，南关岭—雁水、金家—雁水两个 500kV 交流通道送端功率均达到 340MW 左右。

3.4.2.3 柔性直流"南电北送"400MW 方式

金家 500kV 变电站一台主变压器检修停运，柔性直流港东站至淮河站"南电北送"400MW 方式下，直流闭锁故障对送受端交流电网的冲击影响如图 3-29 所示。

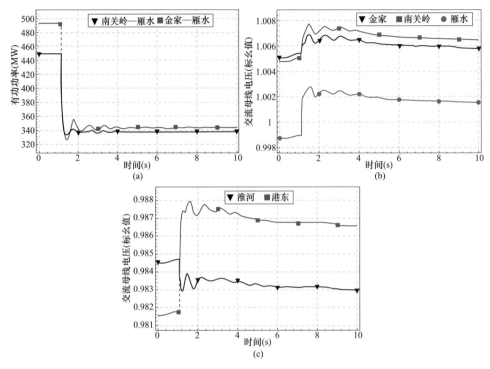

图 3-29 港东—淮河 VSC-HVDC "南电北送" 400MW 闭锁故障冲击

(a) 500kV 线路功率；(b) 500kV 母线电压；(c) 220kV 母线电压

"南电北送"方式下，柔性直流送电功率从南关岭—雁水、金家—雁水两个 500kV 交流通道汇集，直流闭锁后通道潮流将会大幅降低，主干输电网潮流水平下降无功损耗降低，各 500kV 母线电压均由小幅提升。柔性直流送受端 220kV 母线电压波动幅度较小。

3.4.3 "北电南送" 400MW 方式通道故障开断交流孤岛运行特性

3.4.3.1 交流系统的解列断面

金州湾与大连湾间通过核南甲乙线、金南线和金雁线四回 500kV 线路联系，雁水地区通过雁水—南关岭、雁水—金家 500kV 线路和泰山电厂—凌水、雁水—凌水 220kV 线路与主网互联。金州湾与大连湾、雁水地区与主网交流断面均存在线路同时跳闸的风险。若断面交流线路跳闸，将形成柔性直流馈入交流孤岛的运行状态。

由于正常运行时大连湾从金州湾、雁水地区从主网均受入一定容量的功率，因此电网故障解列后，孤岛电网将会出现有功功率缺额，需要采取措施维持孤岛电网稳定。柔性直流馈入后，为维持孤岛电网有功功率平衡，可采取常规集中切负荷措施和柔性直流紧急功率控制措施。

3.4.3.2　大连湾与金州湾无故障解列

大连湾与金州湾四回 500kV 线路无故障开断，大连湾将与主网失去交流电气联系，仅通过一回柔性直流输电线路与主网互联，形成直流连接交流孤岛的格局。由于正常运行时，大连湾与金州湾交流连接通道受电约 964MW，因此孤岛电网将有大量的功率缺额，需要通过切负荷或直流紧急功率提升实现有功功率平衡。直流正常送电 400MW，有 600MW 的功率提升裕度，在采用直流功率提升措施下可减少孤岛电网切负荷容量。

大连湾与金州湾四回 500kV 线路无故障开断，采取直流功率紧急提升至 1000MW 并切除负荷 330MW 的措施，在受端港东换流站采用定无功功率控制和定交流母线电压控制两种方式下，孤岛电网的暂态响应对比曲线如图 3-30 所示。

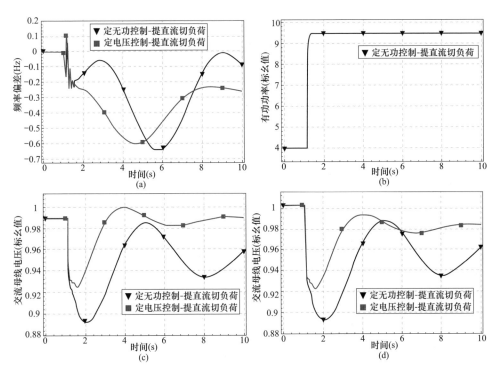

图 3-30　金州湾—大连湾无故障解列控制措施下孤岛电网暂态响应

（a）孤岛电网频率偏差；（b）柔性直流送电功率；（c）港东站 220kV 母线电压；

（d）雁水 500kV 母线电压

从计算结果可以看出，采用定电压控制方案，可抑制孤岛电网电压跌落，加快故障后电网振荡的平息。

从计算结果可以看出，通过直流功率紧急提升和切负荷措施可补偿孤岛电网的有功功率缺额，使得电网频率恢复至49.7Hz以上。与受端港东换流站采用定无功功率控制相比，定电压控制方式下换流站可为孤岛电网提供动态电压支撑，电网电压跌落幅度减小。

3.4.3.3　大连湾与金州湾故障解列

大连湾与金州湾500kV线路短路故障断面解列，将柔性直流"南电北送"功率由400MW提升至额定送电功率1000MW，由于正常送电方式下大连湾从金州湾受端约964MW，因此为保障孤岛电网有功功率平衡，需进一步切除约330MW负荷。

在柔性直流港东换流站采用定无功功率控制和定交流母线电压控制两种方式下，故障扰动后交直流混联电网暂态响应如图3-31所示。从图中可以看出，在

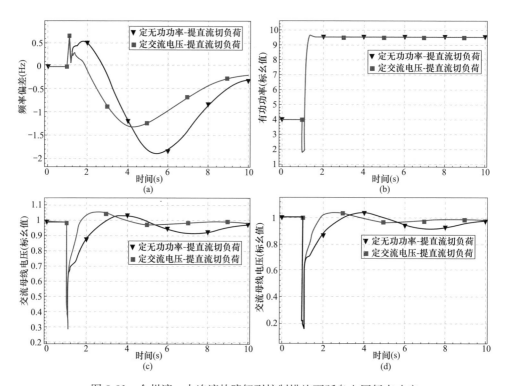

图 3-31　金州湾—大连湾故障解列控制措施下孤岛电网暂态响应

（a）孤岛电网频率偏差；（b）柔性直流送电功率；（c）港东站220kV母线电压；（d）雁水500kV母线电压

换流站采用定电压控制方式下，换流站可为受扰后的交流电网提供动态无功支撑，交流电网电压恢复特性优于换流站定无功功率控制，交流电网电压的快速提升和振荡平息，也有助于频率的快速恢复。

3.4.3.4 雁水地区与主网无故障解列

雁水—南关岭、雁水—金家 500kV 线路和泰山电厂—凌水、雁水—凌水220kV 线路无故障开断，无措施、按等受电容量切除孤岛电网负荷、柔性直流等受电容量提升送电功率三种方式下，孤岛电网的暂态响应如图 3-32 所示。

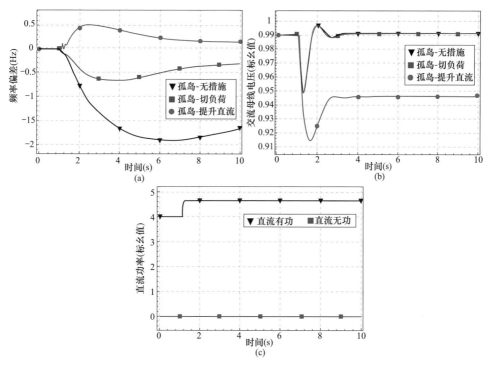

图 3-32 雁水地区与主网无故障解列孤岛电网动态特性

（a）孤岛电网频率偏差；（b）港东 220kV 母线电压；（c）柔性直流有功与无功功率

从图中可以看出，无切负荷措施时，孤岛电网电压在泰山电厂励磁调节器作用下，电压基本可维持在稳态运行水平，但由于有功缺额孤岛电网频率难以恢复；采取切负荷措施，孤岛电网有功基本维持平衡，频率可恢复至 50Hz，同时在负荷无功需求降低和泰山电厂励磁调节器作用下，孤岛电网电压也基本可维持在稳态运行水平；柔性直流送电功率紧急提升，维持有功平衡孤岛频率可恢复至50Hz，但孤岛电网则会出现跌落，220kV 港东站电压跌落幅度为约 10kV。

3.4.3.5 雁水地区与主网故障解列

雁水地区与主网交流联络线短路故障后解列，孤岛电网有功功率缺额，需要切除部分负荷或直流紧急提升功率，不同措施下孤岛电网的暂态响应如图 3-33 所示。

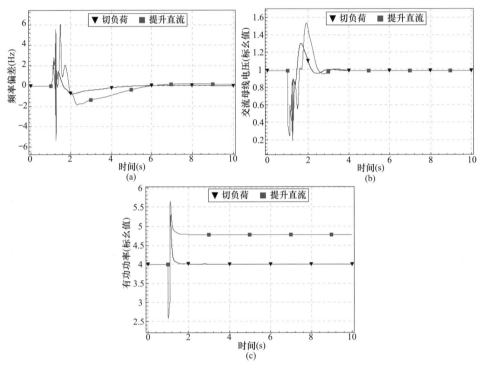

图 3-33 雁水地区与主网故障解列故障开断孤岛电网动态特性

（a）孤岛电网频率偏差；（b）港东 220kV 母线电压；（c）柔性直流有功功率

从计算结果可以看出，切负荷和紧急功率提升控制补偿孤岛电网有功功率缺额，孤岛电网可维持频率稳定运行。切负荷措施下，孤岛电网电压最大冲击幅度约为 1.3（标幺值），采用直流紧急功率提升控制孤岛电网电压最大冲击幅度将增加，达到 1.5（标幺值）。

3.4.4 柔性直流控制方式及控制器参数对电网恢复特性的影响

3.4.4.1 定无功控制与定交流电压控制对雁水孤岛电网特性的影响

在无功电压控制方面，柔性直流换流站可采用定无功功率控制和定交流母线电压控制两种方式。当交流电网较弱时，换流站采用定电压控制方式，为交流电网提供动态无功支撑，可改善受扰后动态电压恢复特性，提升故障后稳态电压运行水平。

在柔性直流"北电南送"400MW运行方式下，雁水地区与主网交流断面线路无故障开断扰动后，按照正常运行交流断面受电功率等量提升柔性直流送电功率，港东换流站采用定无功功率控制和定交流母线电压控制两种方式下，孤岛电网的暂态响应特性对比曲线，如图3-34所示。

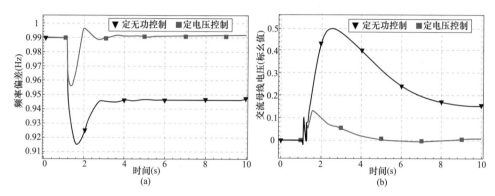

图3-34　港东换流站不同控制方式对孤岛电网动态特性影响

（a）孤岛电网频率偏差；（b）港东220kV母线电压

从图中可以看出，采用定交流母线电压控制方式下，可以抑制故障后孤岛电网电压跌落，提升孤岛电网稳态运行水平。与此同时，由于电压恢复特性改善降低了负荷功率的波动，定交流电压控制方式下孤岛电网频率恢复特性也可显著改善。

3.4.4.2　两端换流站控制方式对恢复特性的影响

（1）送端电网故障暂态响应对比。淮河—港东柔性直流"北电南送"400MW方式下，送端淮河换流站出线淮河—高城山线路淮河侧三永$N-1$故障，淮河站控制有功功率、港东站控制直流电压与淮河站控制直流电压、港东站控制有功功率两种方式下，故障后交直流系统暂态响应对比曲线如图3-35所示。

从对比曲线可以看出，淮河站采用定电压控制方式较或定有功功率控制，对交流电网电压恢复特性无明显影响，但可以显著降低故障对直流系统的冲击，直流有功功率波动幅度较小。

在淮河站定电压控制、港东站定有功功率控制方式下，淮河站近区短路故障，送端淮河站注入直流系统功率减少，同时受端定有功功率仍力图维持外送有功，因此将会从直流系统抽出一部分能量，直流电容放电，电压降低。受扰过程

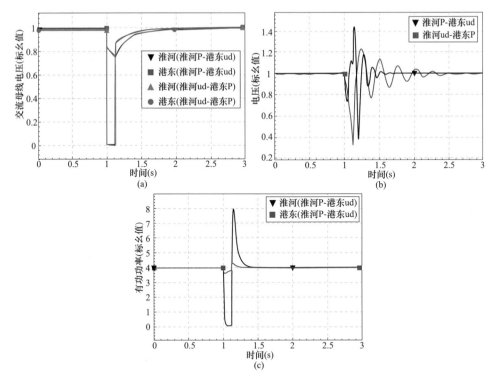

图 3-35　VSC-HVDC 换流站不同控制方式对送端故障恢复特性的影响

（a）送受端交流电压；（b）直流电压；（c）直流有功功率

中，直流电压的暂态冲击幅值较小，有利于直流侧设备的绝缘安全。

（2）受端电网故障暂态响应对比。淮河—港东柔性直流"北电南送"400MW 方式下，受端港东换流站出线港东—青云变线路青云变电站三永 $N-1$ 故障，淮河站控制有功功率、港东站控制直流电压与淮河站控制直流电压、港东站控制有功功率两种方式下，故障后交直流系统暂态响应对比曲线如图 3-36 所示。

从图中可以看出，不同控制方式下送受端交流母线电压恢复特性基本一致。送端淮河站采用定电压控制、受端港东站采用定有功功率控制方式下，受端短路故障交流电压降低直流外送功率受阻，送端定电压控制器感知直流电压提升后将快速减少直流注入功率，从而直流电压冲击幅度会显著减小。

与淮河站采用定有功功率控制相比，淮河站采用定直流电压控制方式下，受端港东站短路故障扰动冲击后虽然直流送电功率会出现较大幅度的波动，但直流侧过电压幅度会显著降低，有利于保持直流设备安全运行。

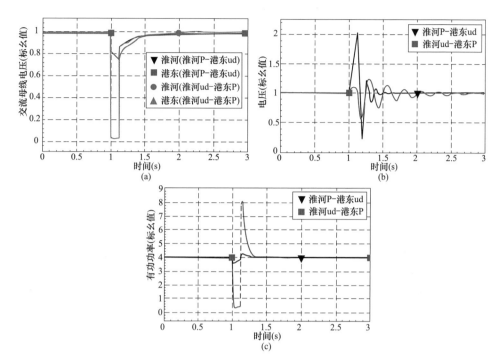

图 3-36 VSC-HVDC 换流站不同控制方式对受端故障恢复特性的影响

（a）送受端交流电压；（b）直流电压；（c）直流有功功率

3.5 水电高占比区域电网直流异步互联后特性变化及应对措施

3.5.1 影响区域电网受扰行为的结构性因素

在电源功率大量汇集、网络潮流灵活转运、负荷用电可靠供应等发展内因的驱动下，由邻近若干省级电网通过互联形成的区域电网，其内部交流主干输电网电气联系通常较为紧密——机组间等值互联电纳大、交流支路阻抗小。

式（3-24）和式（3-25）分别为多机系统中发电机 i 的电磁功率 P_{gi} 输出方程和交流线路有功 P_{amn} 传输方程，即

$$P_{gi} = U_i \sum_{j=1,\ j \neq i}^{N_g} U_j B_{ij} \sin(\delta_i - \delta_j) \tag{3-24}$$

$$P_{amn} = U_m U_n \sin(\delta_m - \delta_n)/Z_{mn} \tag{3-25}$$

式中：U_i、U_j 和 δ_i、δ_j，U_m、U_n 和 δ_m、δ_n 分别为发电机机端母线以及线

路两端母线的电压幅值与电压相位；B_{ij}、Z_{mn} 为机组间等值互联电纳以及交流支路阻抗。

由式（3-24）和式（3-25）可以看出，对于电气联系紧密的区域电网，其特征为：

（1）B_{ij} 数值大，机组间较小的功角差，即可引起 P_{gi} 显著变化，因此，发电机之间不平衡功率交换能力和同步运行能力强——功角超前，则输出功率增大，制动效应增强；反之，功角滞后，则输出功率减小，驱动效应增强。

（2）Z_{mn} 数值小，则线路有功传输能力强，静态稳定约束的送电功率极限水平高，不易形成输电瓶颈。

扰动冲击后，因受扰程度、惯量水平、电气参数、调节性能等方面存有差异，区域电网内部各机组之间将呈现出"布朗运动"形态，与此同时，受以上两个内在的结构性特征制约，机组间相互运动将影响各自电磁功率，因此实现机组间相互"牵拉"和"拖拽"，并在整体上表现出机群聚合趋同运动。

3.5.2　异步互联后区域电网动态行为特性

3.5.2.1　互联电网模型

为分析电气结构紧密型区域电网动态行为变化机制，构建如图 3-37 所示的交直流混联外送系统。为便于不同互联格局下动态响应特性对比，正常运行时交流外送通道功率为 0MW。区域发电机由 6 台 600MW 机组构成，区域负荷为 1600MW，直流外送功率为 2000MW。

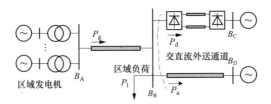

图 3-37　区域交直流外送系统模型

B_A—区域发电机并网母线；B_B 和 B_C、B_D—分别为交直流外送通道的送端母线和受端母线；

P_g—区域内多机系统发电机电磁功率；P_d、P_a—直流和交流外送通道输电功率；P_l—区域内负荷功率

发电机采用计及阻尼绕组的 6 阶详细模型，并计及调速系统作用；负荷采用恒功率模型；直流控制系统采用 PSD—BPA 暂态稳定程序中的直流 DA 模型。

3.5.2.2　互联电网动态行为变化

（1）动态行为变化特性分析。对应图 3-37 所示系统，发电机转子运动方程

如式 (3-26) 和式 (3-27) 所示。式 (3-26) 表征机械振荡，式 (3-27) 表征电磁振荡，即

$$N_g T_J \frac{\mathrm{d}\Delta\omega}{\mathrm{d}t} = \Delta P_m - \Delta P_g - D\Delta\omega$$
$$= \Delta P_m - \Delta P_d - \Delta P_l - \Delta P_a - D\Delta\omega \tag{3-26}$$
$$= [G_m(s) - G_d(s) - G_l(s)]\Delta\omega - \Delta P_a - D\Delta\omega$$

$$\frac{\mathrm{d}\Delta\delta}{\mathrm{d}t} = \Delta\omega \tag{3-27}$$

式中：$\Delta\omega$ 和 $\Delta\delta$ 分别为转子转速偏差和电气功角偏差；ΔP_m、ΔP_g 和 ΔP_d、ΔP_l、ΔP_a 分别为机组总的机械功率、电磁功率的偏差，以及直流功率、负荷功率，以及交流外送通道功率的偏差；D 为阻尼系数；$G_m(s)$、$G_d(s)$ 和 $G_l(s)$ 分别为调速系统、直流以及负荷响应频率变化的功率调控特性；N_g 为机组台数；T_J 为发电机转动惯量。

对于定功率控制的直流和恒功率运行的负荷，则有 $\Delta P_d = \Delta P_l = 0$。

同步互联格局中，不平衡功率驱动下产生的 $\Delta\omega$ 将引起 $\Delta\delta$ 变化，并因此改变交流互联通道有功功率，即

$$\Delta P_a = S_{Eq}\Delta\delta \tag{3-28}$$

式中：S_{Eq} 为同步功率系数。

由式 (3-28) 可以看出，机械振荡与电磁振荡二者间具有强耦合作用——联合表现为机电振荡，对应的稳定形态为区内聚合机群与区外机群间的功角稳定。其中，电磁振荡对机械振荡具有自适应负反馈抑制作用，即 $\Delta\omega$ 增大，$\Delta\delta$ 拉大，ΔP_a 升高，增加的转子制动功率将抑制 $\Delta\omega$ 增大；反之，$\Delta\omega$ 减小，$\Delta\delta$ 缩小，ΔP_a 降低，增加的转子驱动功率将抑制 $\Delta\omega$ 减小。与机组调速系统控制的 ΔP_m 的调节响应速度相比，电磁振荡引起的 ΔP_a 响应速度更快，是决定机电振荡特征的主导因素。

异步互联格局中，交流通道开断使式 (3-28) 所示的 ΔP_a 与 $\Delta\delta$ 之间的关联关系消失，机械振荡与电磁振荡两者解耦——单独表现为区内聚合机群的机械振荡，对应的稳定形态为频率稳定。如式 (3-26) 所示，调速系统的调节特性将是决定机械振荡特征的重要因素。

(2) 不同互联格局下动态行为仿真对比。对应图 3-37 所示系统，分别针对交直流同步互联格局，以及开断交流通道后的直流异步互联格局，考察母线 B_B 三相瞬时性短路故障冲击下，系统动态行为的差异。

交直流同步互联格局对应的系统受扰响应如图 3-38 所示。可以看出，在电磁振荡的负反馈抑制作用下，发电机电磁功率可较快地逼近慢速变化的机械功率，从而消除机组不平衡功率，平息振荡。振荡频率为 0.73Hz，属于区域机群间低频功角振荡。

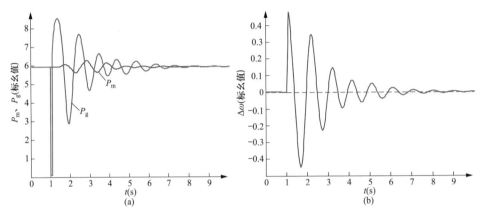

图 3-38　交直流同步互联格局对应的系统受扰响应

（a）P_{m}、P_{g} 响应；（b）$\Delta\omega$ 响应

直流异步互联格局对应的系统受扰响应如图 3-39 所示。可以看出，在调速系统调控作用下，发电机机械功率缓慢趋近几乎恒定的电磁功率，从而消除机组不平衡功率，平息振荡。振荡频率为 0.04Hz，属区域内机群超低频频率振荡。

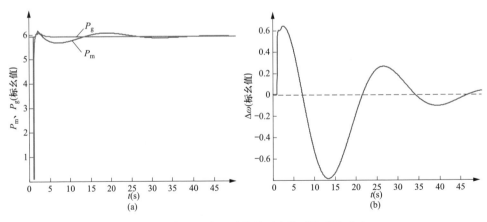

图 3-39　直流异步互联格局对应的系统受扰响应

（a）P_{m}、P_{g} 响应；（b）$\Delta\omega$ 响应

3.5.2.3　主要影响因素及稳定控制措施

（1）主要影响因素。结合异步互联电网表现出的稳定形态——频率稳定，以及与式（3-26）～式（3-28）相对应的如图 3-40 所示的发电机组海佛容—飞利浦斯（Heffron－Philips）模型，可以看出，影响异步互联电网频率动态响应行为的主要因素包括三个方面。

1）调速系统调控特性 $G_m(s)$。调速系统类型——水轮机调速系统、汽轮机调速系统等以及关键控制参数，能够影响机组机械功率 ΔP_m 逼近电磁功率 ΔP_g 消除不平衡功率的性能，可改变电网频率的动态响应行为。

2）直流功率调制特性 $G_d(s)$。响应频率变化的直流功率调制量 ΔP_d 能够大幅减少 ΔP_g 与 ΔP_m 之间的偏差，加快消除机组不平衡功率，可改善电网频率的动态响应行为。

3）负荷功率响应特性 $G_l(s)$。响应频率变化的负荷功率变化量 ΔP_l 能够一定程度地减少 ΔP_g 与 ΔP_m 之间的偏差，辅助消除机组不平衡功率，可优化电网频率的动态响应行为。

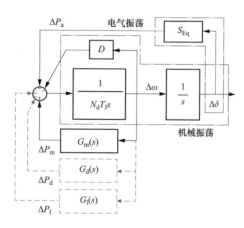

图 3-40　发电机海佛容—飞利浦斯（Heffron-Philips）模型

（2）改善异步互联电网动态特性的稳定控制措施。对应上述三个主要影响因素，可相应通过以下三项措施，提升异步互联电网频率稳定性。

1）优化机组调速系统调控特性。对于既定的电网及其机组类型，通过调整关键控制参数——比例增益系数和积分时间常数，改善特定频段内的调速系统调控特性。

2）配置直流频率限制器 FLC 功能。通过如图 3-41 所示的直流 FLC，响应

电网频率偏差 Δf，自动调制直流功率。

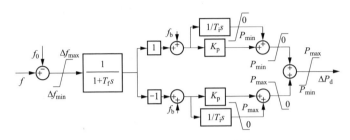

图 3-41 直流 FLC 控制器结构

f、f_0—电网运行频率与额定频率；T_f—测量时间常数；

Δf_{max}、Δf_{min}—频率偏差的上下限值；P_{max}、P_{min}—调制有功的上下限值；

K_p、T_i—比例积分调节器的比例增益系数和积分时间常数；f_b—偏差死区

3）增设动态无功补偿装置的附加电压控制。利用如图 3-42 所示附加控制器，响应频率偏差 Δf 输出电压调控量 ΔU，并叠加作用于 SVC 或 STATCOM 等动态无功补偿装置的主控制器，改变无功输出，调节电网电压。变化的电压作用于负荷中的恒阻抗分量，可间接改变负荷功率，进而达到改善功率平衡特性的目的。

图 3-42 动态无功补偿装置的附加电压控制

K_m、T_m—测量环节增益和时间常数；T_1、T_2、T_3、T_4—超前滞后环节时间常数；

K_s—控制器增益

3.5.3 西南柔性直流异步互联电网特性及稳定控制

3.5.3.1 西南电网及其异步互联结构

西南电网是我国"西电东送"的重要能源基地，由四川（川）、重庆（渝）和西藏（藏）3 个省（市、自治区）电网组成，境内水电占比高。2018 年，电网通过德宝、柴拉直流与西北电网互联；通过复奉 6400MW、锦苏 7200MW 和宾金 8000MW 3 回±800kV 特高压直流与华东电网互联；通过渝鄂间万县—龙泉、张家坝—恩施 2 个 500kV 交流通道与华中主网互联。西南电网与区外电网呈现交直流混联同步互联格局。

为降低特高压直流故障对川渝交流电网的冲击影响，以及对华北—华中特高压交流跨大区互联通道的冲击威胁，根据电网发展规划，将实施渝鄂间九盘—龙泉和张家坝—恩施交流通道开断工程和背靠背柔性直流并网工程。如图 3-43 所示。

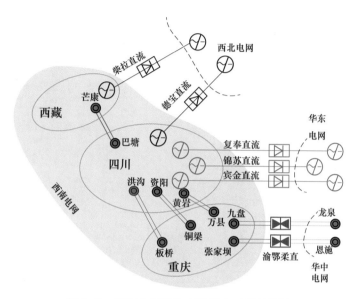

图 3-43　西南电网柔性直流异步互联新格局

渝鄂柔性直流工程投运对西南电网结构的影响，即对应如图 3-37 所示开断 BB—BD 间交流外送通道，电网特性将发生显著变化。

3.5.3.2　西南电网暂态响应特性分析

为考察西南电网异步互联后的受扰特性，基于电力系统机电暂态仿真软件 PSD-BPA，模拟川渝互联交流通道中的洪沟—板桥线路三相永久短路跳开双回线故障。仿真中，西南电网主力水电和火电机组及其励磁系统、调速系统，均采用基于实测的仿真模型，负荷采用 60%恒阻抗与 40%感应电动机组合的模型。

对应上述故障，西南电网暂态响应如图 3-44 所示。从图 3-44（a）和图 3-44（b）中可以看出，因机组距离故障点电气距离不同，其不平衡功率存有差异，受扰冲击后的初始阶段，各机组转速大小交替变化。由于电网电气联系较为紧密，机组间转速偏差引起的相对功角变化，可使不平衡功率在机组间快速分摊，且不受网内输电能力约束。各机组相互"牵拉"并同一的趋向于频率为 0.067Hz 的超低频振荡，如图 3-44（c）所示。

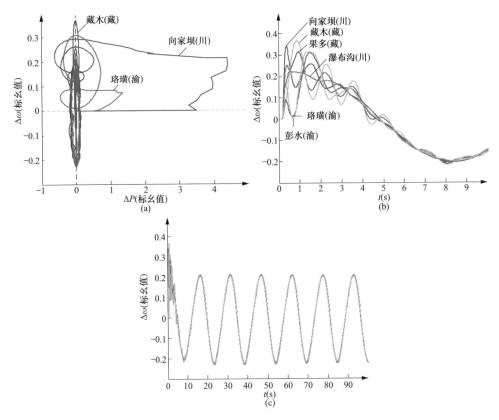

图 3-44　西南电网暂态响应

（a）机组 ΔP-$\Delta \omega$ 变化轨迹；（b）转速偏差 $\Delta \omega$ 局部特征；（c）转速偏差 $\Delta \omega$ 整体特征

　　水电高占比的西南异步互联电网，因水电机组调速系统滞后效应，受扰冲击后电网呈现出超低频频率振荡，威胁电网安全运行，需采取应对措施。

3.5.3.3　西南电网稳定控制措施及效果

　　（1）水电机组调速系统参数优化。水电机组调速系统对超低频频域内的频率振荡具有负阻尼效应。为此，调整四川境内向家坝、溪洛渡等大型水电机组调速系统 PID 调节器参数，即将比例和积分环节增益减至 1/3，以缓解调速系统对振荡的不利影响，其效果如图 3-45 所示。可以看出，振荡可得以有效抑制。

　　（2）直流频率限制器控制。西南电网复奉、锦苏和宾金 3 回特高压外送直流均配置 FLC 功能，对应上述故障扰动，西南电网的暂态响应如图 3-46 所示。可以看出，直流响应电网频率变化动态调节其送电功率，可快速平抑频率振荡，效果显著。此外，值得关注的是，直流功率仅在扰动初期有短时波动，FLC 功能不

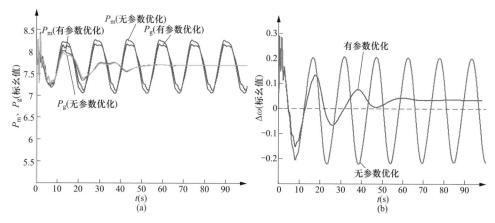

图 3-45 水电机组调速系统参数优化抑制超低频振荡

（a）溪洛渡机组功率；（b）电网频率偏差

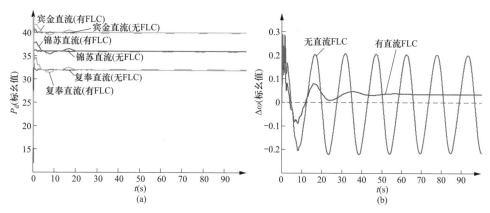

图 3-46 直流 FLC 抑制超低频振荡

（a）直流有功功率；（b）电网频率偏差

会对直流本体及受端电网稳定运行产生明显的不利影响。

（3）动态无功补偿装置的附加电压控制。为提高负荷中心的电压支撑能力，四川电网环成都负荷中心的尖山电站和重庆电网板桥电站各安装有 $2 \times 120 \text{MVA}$ 的 SVC。由于与负荷电气距离近，SVC 电压控制可明显改变恒阻抗负荷分量消耗的有功功率。对应上述故障扰动，西南电网配置 SVC 动态无功补偿装置效果如图 3-47 所示。从图中可以看出，响应电网频率变化的 SVC 动态无功调节，可改变电网电压，并因此间接改变负荷功率，为机组提供制动功率，从而改善了频率恢复特性。

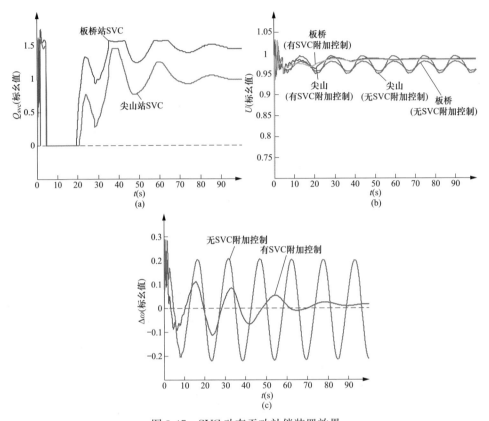

图 3-47 SVC 动态无功补偿装置效果

（a）SVC 无功出力；（b）母线电压；（c）电网频率偏差

3.6 混联直流输电系统送端三相短路故障分析及协调控制策略

3.6.1 白鹤滩—江苏特高压直流工程

白鹤滩—江苏特高压直流工程输送容量大、传输距离长、不存在功率反转，因此整体采用常规特高压分层结构，整流侧和逆变侧高端采用双十二脉动换流单元的连接方式。受端电网负荷密度高、常规直流落点多，为保证受端电网的灵活性，提高电压稳定性，逆变侧低端采用 3 个半桥 MMC 并联的多落点接入方式。图 3-48 显示了白鹤滩—江苏特高压直流工程的拓扑结构。白鹤滩—江苏特高压直流工程作为典型的混联直流输电系统，若不加说明，本节所指的混联直流输电即指白鹤滩—江苏特高压直流工程。

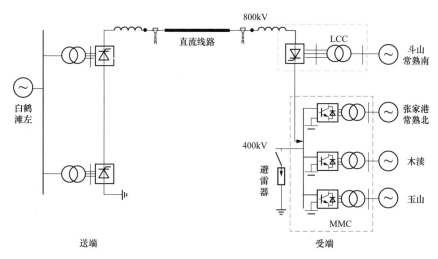

图 3-48　白鹤滩—江苏特高压直流工程拓扑图

混联直流的控制系统承担着确保功率准确稳定传输、换流站一次设备安全和提高交直流系统运行性能的重任。稳态运行时，整流侧 LCC 采用定直流电流控制，逆变侧高端 LCC 采用预测型的熄弧角控制或定直流电压（400kV）控制。逆变侧低端三个 MMC 并联，MMC1 采用定直流电压（400kV）、定无功功率控制，MMC2 和 MMC3 采用定有功功率、定无功功率控制。通过逆变侧高端 LCC和 MMC1 换流站的定电压控制，将直流电压稳定在额定值附近。

为提高混联直流输电系统的故障穿越能力，保护设备安全，LCC 和 MMC 均含有相应的附加控制。

图 3-49 为 LCC 和 MMC 的控制结构图。整流侧 LCC 包括最小触发角（RAML）控制、直流电压控制、低压限流（VDCOL）控制和直流功率控制。逆变侧 LCC 包括定熄弧角控制、Gamma0 控制、换相失败预测控制和最大触发角控制。MMC 包括直流电压越限控制、交流电压越限控制和环流抑制等。这些控制对混联直流的故障响应和恢复特性影响重大。

混联直流的稳态数学模型为

$$U_{dc}^{R} = 4 \times (1.35 U_{ac}^{R} \cos\alpha - \frac{3}{\pi} X_{r1} I_{dc}) \tag{3-29}$$

$$U_{dc}^{IH} = 2 \times (1.35 U_{ac}^{IH} \cos\beta + \frac{3}{\pi} X_{r2} I_{dc}) \tag{3-30}$$

$$U_{dc}^{IL} = U_{dcmmc}^{ref} \tag{3-31}$$

$$I_{dc} = \frac{U_{dc}^{R} - U_{dc}^{IH} - U_{dc}^{IL}}{R} \tag{3-32}$$

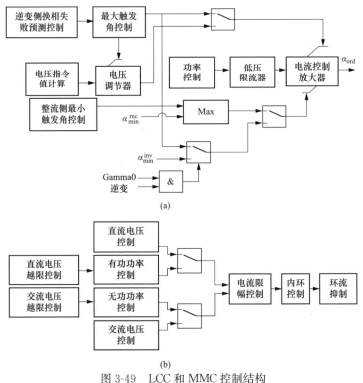

图 3-49　LCC 和 MMC 控制结构

(a) LCC 基本控制；(b) MMC 基本控制

α_{min}^{rec}、α_{min}^{inv}—整流侧和逆变侧最小触发角；α_{ord}—触发角指令值

$$P_{dc} = U_{dc}^{R} I_{dc} \tag{3-33}$$

式中：U_{dc}^{R}、U_{dc}^{IH}、U_{dc}^{IL} 分别表示整流侧、逆变侧高端、逆变侧低端直流电压；U_{ac}^{R}、U_{ac}^{IH} 分别表示整流侧、逆变侧高端交流系统电压；α 表示整流侧 LCC 触发角；β 表示逆变侧高端 LCC 触发角；X_{r1}、X_{r2} 分别表示整流侧和逆变侧高端换相电抗；I_{dc} 表示直流电流；R 表示线路等效电阻；U_{dcmmc}^{ref} 表示 MMC1 的直流电压参考值；P_{dc} 表示直流功率。

式（3-29）～式（3-31）描述混联直流中各端直流电压，式（3-32）描述直流电流与直流电压关系，式（3-33）描述直流功率的计算方法。

3.6.2　混联直流送端三相短路特性分析

本节分析 MMC 与 LCC 不同的续流特性，研究 MMC 间循环功率的产生机理。针对送端瞬时性三相短路故障，研究混联直流的故障响应及恢复特性，分析影响混联直流功率恢复速度的关键因素。

3.6.2.1 MMC 循环功率机理分析

MMC 和 LCC 的换流元件、拓扑结构均不相同。LCC 拓扑结构如图 3-50 所示。设定从 P 到 N 为电流正方向，由于晶闸管具有单向导通性，整流侧桥臂电流仅为负，逆变侧桥臂电流仅为正。LCC 直流电流只能从整流侧流向逆变侧，不存在反向电流的通路，因此 LCC 不具备反向续流能力。

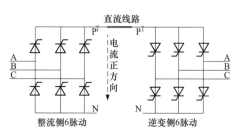

图 3-50　6 脉动 LCC 拓扑结构

A、B、C—交流侧 A、B、C 三相；

P、N—分别表示直流侧正负极

图 3-51 为半桥子模块的 MMC 拓扑结构，MMC 各桥臂由多个半桥子模块串联而成，通过投退不同子模块实现换流。正常运行时，如表 3-4 所示，正反方向的桥臂电流总存在通路，因此 MMC 具备反向续流能力。

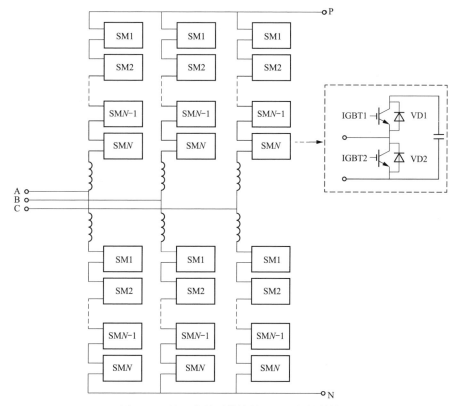

图 3-51　基于半桥子模块的 MMC 拓扑结构

表 3-4　　　　　　　　　　　　**MMC 在不同状态下的电流通路**

电流方向	导通 IGBT 编号	电流通路
正	IGBT1	VD1
	IGBT2	IGBT2
负	IGBT1	IGBT1
	IGBT2	VD2

混联直流输电系统中逆变侧低端三个 MMC 并联，若直流功率发生中断，在原有 MMC 换流站的控制模式下，MMC1 为维持逆变侧低端直流电压（400kV）恒定，从逆变模式切换为整流模式，直流电流反向，MMC1 从受端交流系统吸收有功功率，通过直流线路输送至定有功功率站 MMC2 和 MMC3，形成循环功率。循环功率的产生不但增加了混联直流的运行损耗，且严重影响受端交流系统的稳定运行。

3.6.2.2　故障响应分析

故障响应指故障期间混联直流的电压、电流和功率的响应。恢复特性指故障结束至混联直流恢复额定状态期间电压、电流和功率的恢复过程。混联直流的故障响应及恢复特性与其拓扑结构、控制方式密切相关。假设 t_0 时刻混联直流系统整流侧交流出口处发生瞬时性三相金属性接地故障，t_1 时刻故障消除。

故障发生后，送端交流系统电压 U_{ac}^R 下降，由式（3-29）知 U_{dc}^R 下降，整流侧 LCC 控制器通过降低 α 补偿 U_{dc}^R 下降，维持功率传输。当 α 降低至最小触发角 5° 后，失去调节 U_{dc}^R 的能力。U_{dc}^R 继续降低，为防止交流故障恢复后由于 α 过小导致整流侧过电压，整流侧 LCC 启动 RAML 控制，将 α 提升至 30°。整流侧 LCC 由定直流电流控制转换为定最小触发角控制，此时整流侧 LCC 对直流电流和直流电压不再具有调节能力。

在整流侧 LCC 失去调节能力后，逆变侧高端 LCC 接管 I_{dc}，进入定直流电流控制模式。由于故障期间 U_{ac}^R 很小，虽经上述调节，混联直流仍无法维持有功功率传输，I_{dc} 和 P_{dc} 基本为 0。

MMC 受端交流系统无故障，MMC1 具有较强的定直流电压（400kV）能力。混联直流与常规分层直流相比，由于 MMC1 定直流电压能力强，且 LCC 无法反向续流，U_{dc}^R 无法跌落至 0，混联直流故障期间仍能维持一定的直流电压，但传输功率已经中断，由 3.6.2.1 可知，MMC1 将从受端交流系统吸收有功，输送至定有功功率站 MMC2 和 MMC3，产生循环功率。

3.6.2.3 恢复特性分析

t_1 时刻故障恢复后，混联直流逐渐恢复至额定状态，根据 LCC 控制模式的切换，将混联直流的恢复过程分为初始过程、升直流电压、升直流电流和正常运行四个阶段。

（1）阶段 1：初始过程。故障恢复后，整流侧交流电压从 0 逐渐上升，由于恢复期间交流电压波形存在畸变，且电压上升也需过程，整流侧换流阀仍需一段时间方能建立正常导通条件。将故障恢复后至换流阀正常导通前称为初始过程，在此阶段内，由于换流阀尚不能完全可控，LCC 控制器无法正常起作用。

（2）阶段 2：升直流电压。换流阀完全可控后，随着交流电压恢复，U_{dc}^R 逐渐上升。RAML 控制在故障恢复期间提高了整流侧 LCC 的最小触发角 α_{min}^{rec}，在故障恢复并经历延时后，LCC 触发角指令值从 30° 开始，按照设定速率下降，与直接采用最小触发角 5° 相比，RAML 控制使直流电压恢复速度减慢。同时，逆变侧 LCC 为降低换相失败的风险，启动 Gamma0 控制，按照先升直流电压，再升直流电流的逻辑，减缓直流电流的恢复速度。在此阶段内，混联直流的直流电压逐渐上升，直流电流基本为 0。

（3）阶段 3：升直流电流。直流电压恢复后，逆变侧 LCC Gamma0 控制退出，整流侧 LCC 恢复定电流控制模式，直流电流和直流功率逐渐上升，恢复至额定值。与常规分层直流相比，由于混联直流中 MMC 定直流电压能力强，逆变侧直流电压相对较高，故障结束后需更长的时间方能建立稳定的电压差，导致直流电流恢复速度相对常规分层直流偏慢。

（4）阶段 4：正常运行。混联直流的直流电流和直流功率恢复至额定值后，混联直流恢复正常运行状态。

因此，混联直流中整流侧 LCC 的 RAML 控制、逆变侧 LCC 的 Gamma0 控制和 MMC 定直流电压控制均是影响直流电流上升速度的关键因素。

MMC 对混联直流的故障响应和恢复特性存在不利影响。在送端交流系统发生三相瞬时性金属短路故障后，受端低端 MMC 间能够形成循环功率，故障恢复过程中 MMC 定直流电压能力强，导致逆变侧直流电压升高，减慢直流电流上升速度，影响混联直流的功率恢复。

3.6.3 混联直流优化控制方法研究

为降低 MMC 对混联直流的故障响应和恢复特性造成的不利影响，本书在混联直流中 MMC1 定直流电压，MMC2、MMC3 定有功功率控制模式的基础上，

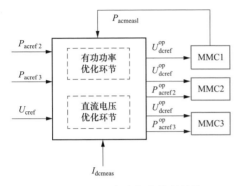

图 3-52 混联直流优化控制结构

优化 MMC 控制指令值，提出一种混联直流优化控制方法。图 3-52 为混联直流优化控制结构。

将 MMC 直流电压参考值 U_{dcref} 和有功功率参考值 P_{acref2}、P_{acref3} 输入优化控制环节，根据直流电流测量值 I_{dcmeas} 和 MMC1 有功功率测量值 $P_{acmeas1}$ 判断混联直流状态，优化调整 MMC 指令值 U_{dcref}^{op}、P_{acref2}^{op} 和 P_{acref3}^{op}。

通过直流电压优化环节提升送端故障后直流电流和直流功率的恢复速度；通过有功功率优化环节抑制循环功率；通过调整 MMC1 控制器 d 轴电流参考值的限幅，进一步抑制循环功率。

直流电压优化环节如图 3-53 所示，其中 I_{dc2N}、I_{dc3N} 表示 MMC2、MMC3 的额定直流电流。直流电压优化环节根据 I_{dcmeas} 判断混联直流的运行状态，优化直流电压指令。若 $I_{dcmeas} \geqslant I_{dc2N} + I_{dc3N}$，则混联直流能够传输有功功率，$U_{dcref}^{op}$ 取 U_{dcref}，MMC 直流电压维持在额定值附近。若 $I_{dcmeas} < I_{dc2N} + I_{dc3N}$，判断整流侧直流电压降低，无法通过直流线路传输足够有功功率，为提高混联直流输送能力，加快整流侧故障期间直流电流恢复速度，引入直流电压修正因子 μ，降低 U_{dcref}，各 MMC 根据 U_{dcref} 进行定直流电压控制或直流电压越限控制，降低 MMC 直流侧电压。为维持 MMC 的功率传输能力，通过维持因子 m_1、m_2，确保逆变侧直流电压不宜降低过多，直流电压参考值变化速率不能过快。

I_{dc2N}、I_{dc3N} 的计算式为

$$\begin{cases} I_{dc2N} = I_{dcN} \cdot \dfrac{P_{2ref}}{P_{mmcref}} \\ I_{dc3N} = I_{dcN} \cdot \dfrac{P_{3ref}}{P_{mmcref}} \end{cases} \quad (3\text{-}34)$$

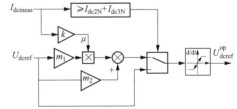

图 3-53 直流电压优化环节

式中：I_{dcN} 表示额定直流电流；P_{2ref}、P_{3ref} 分别表示 MMC2、MMC3 的有功功率参考值；P_{mmcref} 表示 3 台 MMC 有功功率和的设定值。

直流电压修正因子 μ 的计算方法为

$$\mu = I_{dcmeas} \cdot \frac{I_{dcN}}{I_{dc2N} + I_{dc3N}} \quad (3\text{-}35)$$

有功功率优化环节如图 3-54 所示。根据 $P_{acmeas1}$ 判断是否存在循环功率，优化有功功率指令值。若 $P_{acmeas1} \geqslant P_{min1}$，定电压站 MMC 从直流系统吸收的有功功率较大，有功功率反向的风险小，P_{acref2}^{op} 取参考值 P_{2ref}，定有功功率站 MMC 按照功率参考值从直流系统吸收有功功率；若 $P_{acmeas1} < P_{min1}$，定电压站 MMC 从直流系统吸收的有功功率小，功率反向的风险大，此时 P_{acref2}^{op} 按照设定速率下降为 0，定有功功率站 MMC 逐渐降低从直流系统吸收的有功功率，避免从定直流电压站吸收有功，形成循环功率。

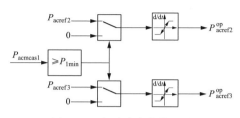

图 3-54 有功功率优化环节

若监测到直流电流过低，则进一步限制定直流电压站外环 d 轴电流大于等于 0，确保定直流电压站在送端三相短路期间不会从受端交流系统吸收有功功率。

3.6.4 仿真验证

为验证混联直流故障特性分析的正确性和优化控制方法的有效性，在由中国电力科学研究院独立研制开发的 PSModel 电磁暂态仿真软件中，搭建如图 3-48 所示的混联直流输电系统，其中 LCC 采用晶闸管详细模型，MMC 采用高效戴维南模型，直流线路采用 Bergeron 线路模型，一次系统参数如表 3-5 所示。

表 3-5 一 次 系 统 参 数

参数名称	单位	参数值
额定直流电压	kV	800
额定直流电流	kA	5
额定直流功率	MW	8000
交流系统额定电压	kV	525
直流线路长度	km	2074.2
LCC 整流侧变压器变比	—	524.81/344.68
LCC 逆变侧变压器变比	—	510.09/161.4
MMC 变压器变比	—	510./182.6
MMC 单桥臂子模块个数	个	200
MMC 子模块电容	μF	18000
MMC 桥臂电感	H	0.05

3.6.4.1 故障特性的分析验证

采用 3.6.1 介绍的控制模式，模拟送端交流系统 1.3s 三相瞬时性接地故障，1.4s 故障恢复。

整流侧 LCC 触发角指令及 RAML 控制指令值见图 3-55。图 3-55 中红色曲线为整流侧 LCC 触发角指令值 α_{order}，蓝色曲线为整流侧 LCC 控制器 RAML 控制指令值 α_{RAML}。1.3s 故障发生，α_{order} 从稳态值 15° 跌落至最小触发角 5°。延时 20ms 后 RAML 控制启动，将 α_{order} 提升至 30°。故障恢复后，α_{RAML} 按照一定速率下降至最小触发角，RAML 退出。

图 3-56 为整流侧交流电压波形，图 3-57 为整流侧正极上 6 脉动阀电流波形，在故障恢复 30ms 内交流电压波形存在畸变，图 3-57 中标注的换流阀电流时断时续，无法正常导通。由图 3-55～图 3-57 可知，整流侧 LCC 的故障响应和恢复特性与理论分析完全一致。

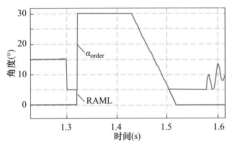

图 3-55 整流侧 LCC 触发角指令及
RAML 控制指令值

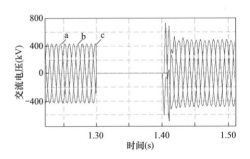

图 3-56 整流侧交流电压波形

图 3-58 为 MMC 故障响应曲线，蓝色波形、绿色波形和粉色波形分别为 MMC1、MMC2 和 MMC3 有功功率。在故障期间，MMC1 从交流系统吸收 1.1

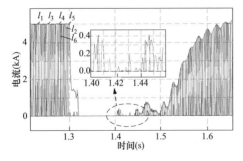

图 3-57 整流侧 LCC 正极上 6 脉动阀电流波形

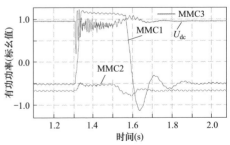

图 3-58 MMC 故障响应波形

（标幺值）的有功功率输送至 MMC2 和 MMC3，形成如图 3-59 所示的循环功率。图 3-58 红色波形为 MMC 直流电压，故障期间，大约为 0.8（标幺值），维持在较高水平。

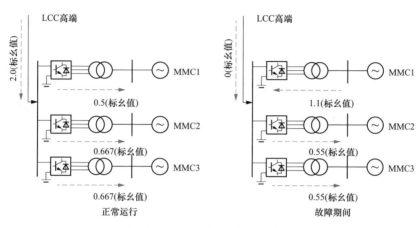

图 3-59　混联直流中 MMC 功率流向

图 3-60 为逆变侧 LCC 故障响应及恢复特性曲线，红色波形为直流电压，绿色波形为直流电流，蓝色波形为 Gamma0 控制标志。在故障结束后，Gamma0 控制启动，逆变侧 LCC 先升直流电压，当直流电压恢复至额定值后，Gamma0 控制退出，直流电流逐渐上升至额定值。

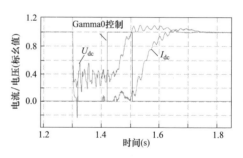

图 3-60　逆变侧 LCC 故障响应及恢复特性曲线

上述混联直流故障响应和恢复特性曲线验证了混联直流故障特性理论分析准确，按照原有控制模式，混联直流发生功率中断后，MMC 间将形成循环功率。

3.6.4.2　优化控制方法的验证

采用本节提出的优化控制方法，控制参数如表 3-6 所示，同样模拟 1.3s 送端交流系统三相瞬时性接地故障，1.4s 故障恢复。为对比优化控制方法的效果，采用相同的一次参数和控制系统，搭建常规分层直流输电系统，模拟同样工况。

图 3-61 为直流电流波形图，红色曲线为常规直流的直流电流，蓝色曲线为

表 3-6 优 化 控 制 参 数

参数名称	单位	参数值
m_1	—	0.25（标幺值）
m_2	—	0.75（标幺值）
P_{1min}	MW	100
直流电压优化环节速率上升限幅	1/s	0.6（标幺值）
直流电压优化环节速率下降限幅	1/s	1（标幺值）
有功功率优化环节速率上升限幅	1/s	80（标幺值）
有功功率优化环节速率下降限幅	1/s	10（标幺值）

混联直流的直流电流，绿色曲线为采用优化控制方法后混联直流的直流电流响应波形。在相同故障类型和故障时间下，常规直流的直流电流 1.5457s 恢复至 1.0（标幺值），混联直流的直流电流 1.6353s 恢复至 1.0（标幺值），比常规直流延迟 89.6ms。采用优化控制后，混联直流的直流电流在 1.5758s 恢复至 1.0（标幺值），与原先控制模式相比缩短 59.5ms。因此，与常规直流相比，混联直流的直流电流上升速度更慢，采用优化控制方法后，能够有效提升直流电流的上升速度，加快混联直流的功率恢复。

图 3-62 为 MMC 有功功率波形对比图。在故障期间，经过快速调整，MMC1、MMC2 和 MMC3 有功功率很快降低至 0 附近。对比优化控制前后的 MMC 有功功率波形，优化控制方法能有效抑制循环功率，避免 MMC1 从交流系统吸收大量有功功率。

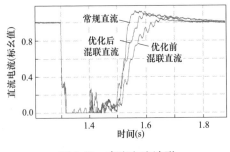

图 3-61 直流电流波形

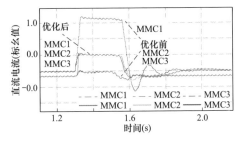

图 3-62 MMC 有功功率波形

因此，采用优化控制方法后，在抑制故障期间 MMC 循环功率的同时，提升了故障恢复后的直流电流上升速度，加快了混联直流的功率恢复。有效降低了 MMC 对混联直流的故障响应和恢复特性带来的不利影响。

参考文献

［1］ 张贤达. 现代信号处理［M］. 北京：清华大学出版社，1995.

［2］ 刘应梅，高玉洁. 基于 Prony 法的暂态扰动信号分析［J］. 电网技术，2006，30（4）：26-30.

［3］ 徐东杰，贺仁睦，高海龙. 基于迭代 Prony 算法的传递函数辨识［J］. 中国电机工程学报，2004，24（6）：40-43.

［4］ 李一泉，何奔腾. 基于 PRONY 算法的电容式电压互感器暂态基波辨识［J］. 中国电机工程学报，2005，25（14）：30-34.

［5］ HAUER J F. Application of Prony analysis to the determination on of modal content and equivalent models for measured power system response［J］. IEEE transmission on power system，1991，6（3）：1062-1068.

［6］ PIERRE D A，TRUDNOWSKI D J，HAUER J F. Identifying linear reduced-order models for systems with arbitrary initial condition using Prony signal analysis. IEEE transaction on automation control，1992，37（6）：831-835.

［7］ 吴旭升，马伟明，王公宝，等. 基于小波变换和 Prony 算法的同步电机参数辨识［J］. 电力系统自动化，2003，27（19）：38-42.

［8］ TRUDNOWSKI D J，SMITH J R，SHORT T A，et al. An application of prony method in PSS design for multimachines systems［J］. IEEE transaction on power systems，1991，6（1）：118-126.

［9］ 芦晶晶，郭剑，田芳，等. 基于 Prony 方法的电力系统振荡模式分析及 PSS 参数设计［J］. 电网技术，2004，28（15）：31-34.

［10］ 徐政. 交直流电力系统动态行为分析［M］. 北京：机械工业出版社，2005.

［11］ 郑超，腾松，宋新立，等. 百万千瓦级柔性直流接入大连电网后的系统特性分析［J］. 中国电机工程学报，2013：37（15）：15-19.

［12］ 刘昇，徐政. 联于弱交流系统的 VSC-HVDC 稳定运行区域研究［J］. 中国电机工程学报，2016：36（1）：133-144.

［13］ 汤广福，庞辉，贺之渊. 先进交直流输电技术在中国的发展与应用［J］. 中国电机工程学报，2016：36（7）：1760-1771.

［14］ 王奔. 电力系统电压稳定［M］. 北京：电子工业出版社，2008.

［15］ 郑超，马世英. 交直流混联大电网仿真分析与稳定控制［M］. 北京：中国电力出版社，2021.

［16］ 何仰赞，温增银. 电力系统分析（下册）［M］. 武汉：华中科技大学出版社，2009：226-232.

[17] 郑超，马世英，盛灿辉，等. 跨大区互联电网与省级电网大扰动振荡耦合机制 [J]. 中国电机工程学报，2014，34 (10)：1556-1565.

[18] 陈磊，路晓敏，陈亦平，等. 多机系统超低频振荡分析与等值方法 [J]. 电力系统自动化，2017，41 (22)：10-15，25.

[19] 连攀杰，刘文焯，汤涌，等. 模块化多电平换流器的高效电磁暂态仿真方法研究 [J]. 中国电机工程学报，2020，40 (24)：7980-7989.

4 直流电网模型和大规模柔性直流电网仿真

4.1 含 VSC 的多速率仿真

多速率法是一种解常微分方程组的方法，由美国伊利诺斯大学的吉尔（Gear）提出，并在含电力电子、高压直流输电等仿真领域有大量应用。该方法适用于具有宽广时间响应的系统，其特点是对不同变量采取不同的仿真步长甚至积分方法，以满足计算效率并保证精度，快慢变量之间通过插值等方法耦合。

含 VSC 的大型交直流混联电网，具有差异明显的两种响应速度，适用多速率法，但其高速响应能力和独特控制方式对算法提出特殊的要求。本书建构的考虑 VSC 特性的仿真方法基于式（4-1）～式（4-6）所示的电网模型，即

$$\dot{\boldsymbol{x}}_s(t) = \boldsymbol{D}_s(\boldsymbol{x}_s, \boldsymbol{y}_s, \boldsymbol{z}_s, t) \tag{4-1}$$

$$0 = \boldsymbol{A}_s(\boldsymbol{x}_s, \boldsymbol{y}_s, \boldsymbol{G}_s(\boldsymbol{y}_f), \boldsymbol{z}_s, t) \tag{4-2}$$

$$0 = \boldsymbol{L}_s(\boldsymbol{x}_s, \boldsymbol{y}_s, \boldsymbol{z}_s, t) \tag{4-3}$$

$$\dot{\boldsymbol{x}}_f(t) = \boldsymbol{D}_f(\boldsymbol{x}_f, \boldsymbol{y}_f, \boldsymbol{z}_f, t) \tag{4-4}$$

$$0 = \boldsymbol{A}_f(\boldsymbol{x}_f, \boldsymbol{G}_f(\boldsymbol{y}_s), \boldsymbol{y}_f, \boldsymbol{z}_f, t) \tag{4-5}$$

$$0 = \boldsymbol{L}_f(\boldsymbol{x}_f, \boldsymbol{y}_f, \boldsymbol{z}_f, t) \tag{4-6}$$

式（4-1）～式（4-3）依次为慢变系统的微分、代数、逻辑方程组；x 为状态变量，y 为代数变量，z 为逻辑变量；下标 s 代表慢变系统，f 代表快变系统；G_s 是快变系统代数量在慢变系统中的映射。式（4-4）～式（4-6）中符号含义与此类似。微分方程描绘状态量的动态变化过程，通常存在于元件内部（将电网视为交流网络和接于其上的元件两大部分）；代数方程表征与时间无关或忽略时间影响的必然联系，主要指交流电网的拓扑约束，包括线性的节点电压方程和某些元件模型内部代数关系；逻辑方程代表满足条件后变量发生跳变的现象，如故障设置、越限判断、保护动作等。快变系统指 VSC 和直流电网（其他含电力电子

元件的设备可参考本书方法，不单独提出)，电力网络、同步机等为慢变系统。代数、逻辑变量在仿真中跟随状态变量每时步更新，需与状态变量对应划分入快、慢系统。快、慢系统在 VSC 出口母线通过代数量互相耦合。不失一般性，设快变系统步长为 h，慢变系统步长为 $H=mh$，m 为整数。快变系统各时步出口母线电压由慢变系统对应母线电压插值得到，式（4-7）描述了慢变系统第 n 步和 $n+1$ 步之间的电压插值 U。为方便起见，省去电压的相量标识，下文视在功率、电流等变量亦省略相量标识。其他慢变系统传给快变系统的交流量均用线性插值，与式（4-7）类似。

$$\begin{cases} \boldsymbol{U}_{f}(nm+i)=\boldsymbol{G}_{f}(\boldsymbol{U}_{s}(n),\boldsymbol{U}_{s}(n+1))=\boldsymbol{U}_{s}(n)+\dfrac{i}{m}\left[\boldsymbol{U}_{s}(n+1)-\boldsymbol{U}_{s}(n)\right] \\ \text{s. t.} \quad 0<i\leqslant m \end{cases}$$

$$(4\text{-}7)$$

慢变系统从快变系统接受的功率是快变系统之前 m 步功率的平均值。式（4-8）为慢变系统第 $n+1$ 步接受的功率，对应的电流如式（4-9）。其中，视在功率 $S=P+\mathrm{j}Q$，"$*$"表示共轭。因一个慢变步长内交流电网的电压电流保持不变，式（4-8）和式（4-9）意味着慢变系统接受和快变系统输出的能量相等。

$$\boldsymbol{S}_{s}(n+1)=\frac{1}{m}\sum_{i=1}^{m}\boldsymbol{S}_{f}(nm+i) \tag{4-8}$$

$$\boldsymbol{I}_{s}(n+1)=\frac{\boldsymbol{S}_{s}^{*}(n+1)}{\boldsymbol{U}_{s}^{*}(n+1)}=\boldsymbol{G}_{s}\{\boldsymbol{S}_{f}(nm+1),\boldsymbol{S}_{f}(nm+2),\cdots,\boldsymbol{S}_{f}[(n+1)m]\}$$

$$(4\text{-}9)$$

由于逻辑变量存在，电网模型中的微分、代数方程组的解在仿真推演中存在间断点，且大部分是不可预知的间断点。电网规模越大，间断点越多。这使得各种基于方程的连续性，并需要统筹考虑式（4-1）～式（4-6）的解法，如变步长算法、微分代数方程联立求解法，需经常识别间断、重新起步，处理复杂且效率较低。因此对快慢系统均采用定步长的隐式梯形积分法且微分代数方程交替求解，以分别处理各元件微分和逻辑方程。根据隐式梯形规则，式（4-1）和式（4-4）差分化为代数式（4-10）和式（4-11）。

$$\boldsymbol{x}_{s}(n+1)=\frac{H}{2}\{\boldsymbol{D}_{s}[\boldsymbol{x}_{s}(n),\boldsymbol{y}_{s}(n),\boldsymbol{z}_{s}(n)]+\boldsymbol{D}_{s}[\boldsymbol{x}_{s}(n+1), \tag{4-10}$$
$$\boldsymbol{y}_{s}(n+1),\boldsymbol{z}_{s}(n+1)]\}+\boldsymbol{x}_{s}(n)$$

$$\boldsymbol{x}_{f}(k+1)=\frac{h}{2}\{\boldsymbol{D}_{f}[\boldsymbol{x}_{f}(k),\boldsymbol{y}_{f}(k),\boldsymbol{z}_{f}(k)]+\boldsymbol{D}_{f}[\boldsymbol{x}_{f}(k+1),$$

$$\pmb{y}_{\mathrm{f}}(k+1),\pmb{z}_{\mathrm{f}}(k+1)]\} + \pmb{x}_{\mathrm{f}}(k) \tag{4-11}$$

式（4-1）～式（4-6）中的快慢系统只有代数量耦合，各自系统积分的收敛性由隐式梯形积分法及给定的步长保证，对求解过程的影响类似普通元件与交流电网的耦合。

交替迭代法在每个仿真步需要多次迭代消除交接误差。式（4-7）插值用的本时步末交流电压$U_{\mathrm{s}}(n+1)$是上次迭代的结果，本次迭代各小步长计算点没有交流电压作为反馈。这可能导致高放大倍数大容量的电压源换流器形成过调，使交流迭代步计算出的换流器端电压围绕真值上下波动，延缓收敛时间。因此考虑VSC特性的第一个措施是用本时步两次迭代的平均电气量作为插值用的本时步末量，抑制VSC输出波动，式（4-7）变为

$$\begin{cases} \pmb{U}_{\mathrm{f}}(nm+i) = \pmb{G}_{\mathrm{f}}[\pmb{U}_{\mathrm{s}}(n),\pmb{U}_{\mathrm{s}}(n+1)] \\ \qquad = \pmb{U}_{\mathrm{s}}(n) + \dfrac{i}{2m}[\pmb{U}_{\mathrm{s}}^{1}(n+1) + \pmb{U}_{\mathrm{s}}^{2}(n+1) - 2\pmb{U}_{\mathrm{s}}(n)] \\ \mathrm{s.t.} \quad 0 < i \leqslant m \end{cases} \tag{4-12}$$

式中：$\pmb{U}_{\mathrm{s}}^{1}(n+1)$、$\pmb{U}_{\mathrm{s}}^{2}(n+1)$分别为本时步最近两次迭代计算的换流器端电压。

VSC能独立控制有功功率、无功功率输出，常用dq解耦控制。与此相对应，本模型中VSC采用以各自交流控制点当前电压为d轴相量基准的dq坐标，交流网用由实虚部构成的RI坐标，U_{R}和U_{I}分别为电压U在R、I坐标轴的分量，二者关系如图4-1所示。

交流控制点通常为换流变压器电网侧母线，但控制系统感知的控制点电压不是一次电压，而是经过锁相、测量、滤波等输入环节处理后的二次电压。本模型中锁相、测量用一阶惯性环节模拟，滤波用二阶低通滤波器。图4-1中电压为输入环节处理后的二次电压。dq-RI坐标变换矩阵为

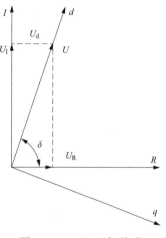

图4-1 dq-RI坐标关系

$$\pmb{T} = \begin{bmatrix} \cos\delta & \sin\delta \\ \sin\delta & -\cos\delta \end{bmatrix} \tag{4-13}$$

式中：δ为经输入环节处理的二次电压相角。

因此经插值进入快变系统的电压应转至最新 dq 坐标下，式（4-12）变为

$$\begin{cases} \boldsymbol{V}_{\mathrm{f}}(nm+i) = \boldsymbol{G}_{\mathrm{f}}[\boldsymbol{V}_{\mathrm{s}}(n), \boldsymbol{V}_{\mathrm{s}}(n+1)] = \boldsymbol{T}\{\boldsymbol{U}_{\mathrm{s}}(n) + \\ \qquad \dfrac{i}{2m}[\boldsymbol{V}_{\mathrm{s}}^{1}(n+1) + \boldsymbol{V}_{\mathrm{s}}^{2}(n+1) - 2\boldsymbol{V}_{\mathrm{s}}(n)]\} \\ \mathrm{s.\,t.} \quad 0 < i \leqslant m \end{cases} \tag{4-14}$$

需注意的是：在模型中，控制系统用二次电压，主回路用一次电压插值，其他电气量插值处理与此类似。

考虑到每时步每次迭代 dq 坐标位置都会改变，式（4-11）中 VSC 交流相量的差分方程应改为式（4-15），将上时步末的状态转换到新的坐标下。

$$\begin{aligned} \boldsymbol{x}_{\mathrm{f}}(k+1) = \frac{h}{2}\{\boldsymbol{D}_{\mathrm{f}}[\boldsymbol{T}_{1}\boldsymbol{T}_{0}^{-1}\boldsymbol{x}_{\mathrm{f}}(k), \boldsymbol{y}_{\mathrm{f}}(k), \boldsymbol{z}_{\mathrm{f}}(k)] + \boldsymbol{D}_{\mathrm{f}}[\boldsymbol{x}_{\mathrm{f}}(k+1), \\ \boldsymbol{y}_{\mathrm{f}}(k+1), \boldsymbol{z}_{\mathrm{f}}(k+1)]\} + \boldsymbol{x}_{\mathrm{f}}(k) \end{aligned} \tag{4-15}$$

式中：$\boldsymbol{T}_{0}$ 为上时步收敛时的坐标变换矩阵；$\boldsymbol{T}_{1}$ 为本时步本次迭代的坐标变换矩阵。

快变系统的交流变量在每个时步为适应不断变化的 dq 坐标进行的处理，是考虑 VSC 特性的第二个措施。

交流网电压、电流均为代数量，由网络方程求解，可以突变。VSC 换流阀模型中一次电压、电流均为状态量，受换相电感微分方程的制约，不能突变。电网故障或操作可能使慢变系统中换流器交流端口的电压电流突变，即从 0－到 0＋时间内发生理想式的跃变，远超过快变系统中对应量的变化速度。处理交流网故障或操作后快慢变系统接口电气量变化速度失配带来的问题，是考虑 VSC 特性的第三个措施，包括以下方面。

（1）将交流系统故障或操作的信号引入 VSC 模型，含慢变量的快变系统的逻辑方程为

$$\boldsymbol{0} = \boldsymbol{L}_{\mathrm{f}}(\boldsymbol{x}_{\mathrm{f}}, \boldsymbol{y}_{\mathrm{f}}, \boldsymbol{z}_{\mathrm{f}}, \boldsymbol{z}_{\mathrm{s}}, \boldsymbol{t}) \tag{4-16}$$

（2）交流故障或操作后，快变系统中含有接口电压电流的微分方程解法短时由隐式梯形积分法改为后退欧拉法，避免出现类似电磁暂态计算中开关位置突然变化引发的数值振荡。相应的差分方程式（4-11）和式（4-15）统一变为

$$\boldsymbol{x}_{\mathrm{f}}(k+1) = \boldsymbol{x}_{\mathrm{f}}(k) + h\boldsymbol{D}_{\mathrm{f}}[\boldsymbol{x}_{\mathrm{f}}(k+1), \boldsymbol{y}_{\mathrm{f}}(k+1), \boldsymbol{z}_{\mathrm{f}}(k+1)] \tag{4-17}$$

（3）换流器端电压过低，快变系统能量注入慢变系统由功率方式转为电流方式，避免注入电流太大，式（4-9）改为

$$\boldsymbol{I}_{\mathrm{s}}(n+1) = \boldsymbol{G}_{\mathrm{s}}\{\boldsymbol{I}_{\mathrm{f}}(nm+1), \boldsymbol{I}_{\mathrm{f}}(nm+2), \cdots, \boldsymbol{I}_{\mathrm{f}}[(n+1)m]\} \tag{4-18}$$

整理上述含 VSC 的多速率仿真，以慢系统第 n 步已知，求解一步为例，计算流程为：

（1）求解式（4-3）中与状态量无关的逻辑方程。

（2）更新式（4-1）、式（4-2）和式（4-16）。

（3）假设慢系统中全网电压维持不变。

（4）按元件复杂程度依序或迭代求解式（4-3）中与状态量相关的方程、式（4-2）中与元件模型相关的方程以及由式（4-1）差分化得到的式（4-10），计算各元件注入交流网络电流。

（5）根据式（4-16），确定是否发生大扰动。

（6）按式（4-14）插值 VSC 从第 $nm+1$ 至 $(n+1)m$ 步的端口电压，其他需使用的交流量与式（4-14）类似插值。

（7）进行小步长仿真，求解代数方程式（4-5）、逻辑方程式（4-6），并根据是否发生故障操作、是否含交流一次变量等信息选择式（4-11）、式（4-15）、式（4-17）解微分方程式（4-4）。

（8）重复 m 次步骤（5）～（7），获得从第 $nm+1$ 至 $(n+1)m$ 步换流器内部状态及输出有功、无功、电流。

（9）若电压过低，按式（4-18），否则按式（4-8）和式（4-9）计算换流器注入电网电流。

（10）解式（4-2）中的网络方程，更新全网电压。

（11）检查状态量和代数量是否收敛，若已收敛，令 $n=n+1$，进入下一步计算，否则回到步骤（4）迭代。

该仿真方法兼顾大型电网和 VSC 的复杂特性及二者不同仿真速率，有较强实用性。

4.2　简化离散牛顿法

大扰动中用多速率仿真的步骤（4）～（10）解网络方程，更新全网电压后，由最新的 VSC 端母线电压与电流计算的注入电网的功率与式（4-8）给出的功率往往偏差较大，导致收敛困难。该现象本质上因微分代数方程交替迭代引起，属于交接误差。直观的改善方法是联立差分方程和代数方程，用牛顿法求解。但如上节所述，在大电网仿真中联立求解法需要频繁修改非线性方程组，并重新因子分解，计算量过大。而且联立后的方程组规模急剧扩大，牛顿法也不能保证大规模非线性方程组的收敛性。因此只能在交替迭代法的框架下寻求解决方法。

基于交替迭代法，若能保证 VSC 注入电网的功率为本次迭代计算值，有利于将电网状态快速调整到适应换流器输出，提高收敛性。因此将式（4-2）网络方程改为在 VSC 母线功率平衡，其他母线仍为电流平衡，即 VSC 为控功率模型，网络方程组由线性变为非线性。实际上，传统电网元件也有控功率模型，但因为功率较小、变化缓慢等原因通常不进行特殊处理，本节提供的解法同样可以提高这些元件的收敛性。

解非线性方程组常用三种方法，即简单迭代法、牛顿法、各类拟牛顿法。简单迭代法收敛较慢；牛顿法需要每迭代步更新雅可比矩阵，计算量大；拟牛顿法用各种近似矩阵代替雅可比阵，在计算量和收敛效率上进行折中。由于交替迭代矩阵的强非线性、不连续，网络方程的超大规模，实用的大型机电暂态仿真程序均采用简单迭代法。离散牛顿法属于拟牛顿法的一种，对 n 维非线性方程组（4-19），其迭代格式为式（4-20）～式（4-22）。

$$\boldsymbol{F}(\boldsymbol{x}) = 0 \tag{4-19}$$

$$\boldsymbol{h}^{(k)} = (h_1^{(k)},\ h_2^{(k)},\ \cdots,\ h_n^{(k)})^{\mathrm{T}},\ h_j^{(k)} \neq 0,\ j = 1,\ 2,\ \cdots,\ n \tag{4-20}$$

$$\boldsymbol{J}(\boldsymbol{x}^{(k)},\ \boldsymbol{h}^{(k)}) = \begin{bmatrix} \dfrac{f_1(\boldsymbol{x}^{(k)} + h_1^{(k)}\boldsymbol{e}_1) - f_1(\boldsymbol{x}^{(k)})}{h_1^{(k)}} & \cdots & \dfrac{f_1(\boldsymbol{x}^{(k)} + h_n^{(k)}\boldsymbol{e}_1) - f_1(\boldsymbol{x}^{(k)})}{h_n^{(k)}} \\ \cdots & \cdots & \cdots \\ \dfrac{f_n(\boldsymbol{x}^{(k)} + h_1^{(k)}\boldsymbol{e}_1) - f_n(\boldsymbol{x}^{(k)})}{h_1^{(k)}} & \cdots & \dfrac{f_n(\boldsymbol{x}^{(k)} + h_n^{(k)}\boldsymbol{e}_1) - f_n(\boldsymbol{x}^{(k)})}{h_n^{(k)}} \end{bmatrix} \tag{4-21}$$

$$\boldsymbol{x}^{(k+1)} = \boldsymbol{x}^{(k)} - \boldsymbol{J}(\boldsymbol{x}^{(k)},\ \boldsymbol{h}^{(k)})^{-1}\boldsymbol{F}(\boldsymbol{x}^{(k)}) \tag{4-22}$$

式中：x 为自变量，n 维；$\boldsymbol{F}(\boldsymbol{x})$ 为需求解的非线性方程组，其元素为 $f_1(x)$，$f_2(i)$，$\cdots$，$f_n(x)$；h 为自变量偏差；$\boldsymbol{J}$ 为拟雅可比矩阵；e_j 是第 j 个 n 维基本单位向量。该迭代格式核心是用差商代替牛顿法中雅可比矩阵元素，构成拟雅可比矩阵，以简化计算。使用离散牛顿法求解非线性网络方程，先进行如下约定。

（1）式（4-19）代表注入电网电流的残差问题。x 为注入电流列向量，维度 n 为母线个数。将 x 注入电网，解得各母线电压，再根据式（4-9）获得新电流组合，将其与 x 作差即为电网电流残差。若残差为 0，则 VSC 能保持功率为给定值。由于非控功率元件注入母线的电流始终不变，式（4-19）可只考虑 VSC 母线，简化为

$$\boldsymbol{F}(\boldsymbol{x}) = \boldsymbol{x}_{\text{vsc}} - [\operatorname{diag}(\boldsymbol{y}^{-1}\boldsymbol{x})]^{-1} * \boldsymbol{s}_{\text{vsc}}^* = 0 \tag{4-23}$$

式中：$\boldsymbol{x}_{\text{vsc}}$ 由 $\boldsymbol{x}$ 保留 VSC 出口母线对应元素，其他元素都置 0 得到；$\boldsymbol{y}$ 为节点导纳阵；$\operatorname{diag}(\bullet)$ 表示将列向量化为对角矩阵；$\boldsymbol{s}_{\text{vsc}}$ 为列向量，只在 VSC 出口母线对应位置有非 0 元素，值为根据式（4-8）得到的视在功率。式（4-23）稍微变化，即为简单迭代格式即

$$\boldsymbol{x}_{\text{vsc}}^{(k+1)} = [\operatorname{diag}(\boldsymbol{y}^{-1}\boldsymbol{x}^{(k)})]^{-1} * \boldsymbol{s}_{\text{vsc}}^* \tag{4-24}$$

（2）式（4-20）的自变量偏差相量取为某 2 次迭代注入电网的电流组合之差，如第 k 次和第 1 次，其表达式为式（4-25），同样可以只保留 VSC 母线对应的元素。

$$h_j^{(k)} = x_j^{(k)} - x_j^{(0)}, \quad j = 1, 2, \cdots, n \tag{4-25}$$

对需要多次微分代数交替迭代的大型电网仿真，式（4-21）生成拟雅可比阵，式（4-22）中对拟雅可比阵求逆的计算量仍过大。为进一步简化计算，根据电力网络的特点，提出简化离散牛顿法。该方法基于如下 2 个近似。

（1）某母线的电流残差主要由该母线注入电流决定，因此电流组合的变化在某母线引起的残差变化与只有该母线注入电流变化产生的残差相同，即式（4-21）右侧矩阵的对角元素可为

$$\frac{f_j(\boldsymbol{x}^{(k)}) - f_j(\boldsymbol{x}^{(0)})}{x_j^{(k)} - x_j^{(0)}}, \quad j = 1, 2, \cdots n \tag{4-26}$$

（2）某母线注入电流的变化不会引起其他母线电流残差变化，即式（4-21）右侧矩阵非对角线元素为 0，成为对角矩阵，其求逆大大简化。

采用上述近似后，迭代格式变为式（4-23）、式（4-27）和式（4-28），计算量急剧减小，而且具有拟牛顿法加速收敛的能力。

$$\boldsymbol{J}(\boldsymbol{x}^{(k)}) = \begin{bmatrix} \dfrac{f_1(\boldsymbol{x}^{(k)}) - f_1(\boldsymbol{x}^{(0)})}{x_1^{(k)} - x_1^{(0)}} & \cdots & 0 \\ & \cdots & \cdots & \cdots \\ 0 & \cdots & \dfrac{f_n(\boldsymbol{x}^{(k)}) - f_n(\boldsymbol{x}^{(0)})}{x_n^{(k)} - x_n^{(0)}} \end{bmatrix} \tag{4-27}$$

$$\boldsymbol{x}_{\text{vsc}}^{(k+1)} = \boldsymbol{x}_{\text{vsc}}^{(k)} - \boldsymbol{J}(\boldsymbol{x}^{(k)})^{-1} \boldsymbol{F}(\boldsymbol{x}^{(k)}) \tag{4-28}$$

简化离散牛顿法主要计算量集中在求电流残差中的解线性网络方程，即式（4-23）中的 $\boldsymbol{y}^{-1}\boldsymbol{x}$。暂稳仿真中一般存储导纳阵三角分解后的因子表，解网络方程只需前代回代，用时不多。简化离散牛顿法采用的假设使其结果不能完全被信赖，实用中采用包括简单迭代在内多次迭代，取最优解的策略。用简化离散

牛顿法求 VSC 注入电流方法如图 4-2 所示，其中 k_1、k_2 为设定的迭代次数上限。当迭代 k_2 次仍不收敛，输出 k_2 次迭代中残差最小的电流组合及对应的母线电压，转入下一次微分代数方程的交替迭代。

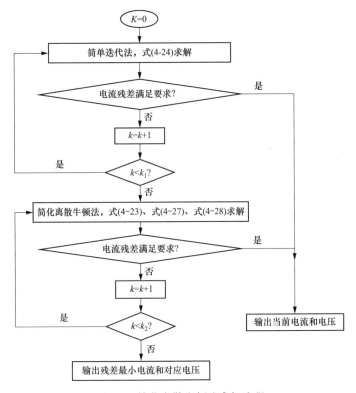

图 4-2　简化离散牛顿法求解流程

综上，第 4.1 节仿真流程中步骤（9）改为：若电压过低，按式（4-18）计算换流器注入电网电流，否则按式（4-8）计算换流器注入电网功率；步骤（10）改为按图 4-2 流程计算 VSC 注入电网电流并更新全网电压。

4.3　VSC 和直流电网模型

4.3.1　换流阀模型

换流阀是 VSC-HVDC 的核心器件，采用文献［11］描述的 MMC 换流阀的基波平均值模型，该模型在交流侧为只含基波分量的理想电压源，直流侧为理想电流源和集中电容（见图 4-3），该相量模型也适用于低电平 VSC。

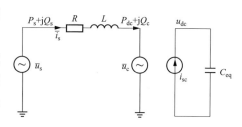

图 4-3　电压源换流器平均值模型

平均值模型换流阀的仿真步长最大可至 0.0001s，过大将使模型失真，例如子模块电容的充放电功率将过大，导致直流电压的波动超过实际。需要指出的是：机电暂态的相量模型是一种每个仿真步功率平衡的拟瞬时值模型，允许幅值和角度在极短时间内变化，并不要求仿真步长接近相量周期。交流网络的仿真速率由主要元件，同步机的次暂态时间常数决定，通常为 0.01s 级，与 VSC 换流阀要求的仿真速率相差较大，但二者不需要如机电-电磁混合仿真进行相量和瞬时量的转换。

d、q 坐标的换流器标幺电流方程为

$$\begin{cases} \dfrac{\mathrm{d}i_{sd}}{\mathrm{d}t} = \dfrac{1}{L}(u_{sd} - u_{dc} + Li_{qs} - Ri_{sd}) \\ \dfrac{\mathrm{d}i_{sq}}{\mathrm{d}t} = \dfrac{1}{L}(u_{sq} - u_{cq} - Li_{sd} - Ri_{sq}) \end{cases} \quad (4\text{-}29)$$

式中：L 为相电感；R 为相电阻；下标 s 代表交流电网侧，c 代表阀侧，两分式分别为 d、q 轴动态方程。与式（4-29）对应的 d、q 轴耦合形式的换流器等值电路如图 4-4 所示。

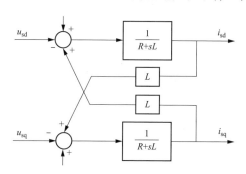

图 4-4　电压源型换流器 d-q 轴等值电路

4.3.2　调制模型

用一阶惯性环节模拟调制过程，认为 IGBT 等开关元件高速动作，正常情况下总能以非常小的时间滞后将换流阀交流侧电压调整到指定位置。若直流母线电压过低，将根据允许的调制比限制调制电压的幅值。

4.3.3　直流电网模型

直流网络如图 4-5 所示，模拟了换流器等效电流源、等效电容、直流线路 RL 串联支路、直流线路对地电容、故障短路支路 5 类元件。

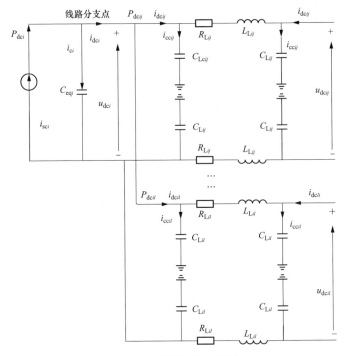

图 4-5 直流网络示意图

该模型可适用于任意拓扑结构。网络中流通的是与换流阀交流侧基频分量对应的直流量，各元件为集总参数模型。每时步根据换流器等效电流源和直流网络拓扑结构的变化，建立各元件的电磁暂态模型，联立求解。等效电流源 i_{sc} 取值为

$$i_{sc} = p_{dc}/u_{dc} \tag{4-30}$$

式中：p_{dc} 为换流阀注入直流网功率；u_{dc} 为阀组直流侧电压。

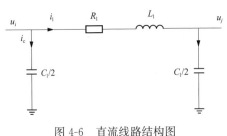

图 4-6 直流线路结构图

图 4-6 的直流线路按电磁暂态模型的习惯分解为 RL 串联支路和对地电容支路，分别建立电磁模型为

$$R_1 i_1 + L_1 \frac{\mathrm{d}i_1}{\mathrm{d}t} = u_i - u_j \tag{4-31}$$

$$i_c = \frac{C_1}{2}\frac{\mathrm{d}u_i}{\mathrm{d}t} \tag{4-32}$$

式中：R_1、L_1、C_1 分别为直流线的电阻、电感和对地电容，其他元件的电磁模型与此类似。

4.3.4 控制与保护模型

以中国已投运的 VSC 直流工程为范本建立控制和保护模型，如表 4-1 所示。当从站直流电压超过其附加直流电压控制整定值，由定有功控制转为定直流电压控制，以快速调节输出功率，稳定直流电压。从站附加频率控制和定无功站附加交流电压控制用来阻尼电网频率和电压振荡，提高交流网稳定性。本模型只有部分典型保护，且不考虑交流网不对称故障。因换流阀采用等效模型，内部的故障不模拟。同种性质控制、保护之间通过整定值相互配合。其他控制和保护原理见相关文献。由表 4-1 所列功能可知，交流电网应向换流器输入功率、电压、频率、上网通道状态等。

表 4-1 控制与保护配置

设备	分类	功能
控制	d 轴控制	主从控制、下垂控制、直流电压偏差控制、孤岛频率控制
	q 轴控制	定交流电压、定无功功率
	d、q 协调控制	按指定比例限制 d、q 越限电流
	附加控制	从站附加直流电压控制、从站附加频率控制、定无功站附加交流电压控制
保护	换流器保护	交流电压异常、直流电压异常、过负荷
	直流线保护	电流差动、过电流、电压异常
	主从切换	功率偏高、直流电压异常、主站退运
	输出异常	换流变压器无电流

4.3.5 直流网络积分方法

直流网与交流网之间隔着电压源换流器，在 4.1 节描述多速率仿真法中几乎不用涉及。为方便起见，直流网与 VSC 采用相似的积分方法，即仿真步长相同；正常运行中采用隐式梯形积分法，保证精度和稳定性；直流网故障操作后短时改用后退欧拉法避免数值振荡。直流元件差分化后，转成历史电流源模型，便于联立求解电磁网络。

4.3.6 快变时步处理流程

综合上述，直流网络和 VSC 各部分模型，一个快变时步计算流程，即展开后的多速率时步仿真流程的步骤（5）～（7），如图 4-7 所示。该流程先处理逻辑方程，即控制保护动作情况，确定本次积分的直流网络结构以及 VSC 的运行状态。在随后的外环控制中，将控制对象分为交流控制量和直流电压两类。交流控制点的状态，如电压、频率、功率等需要与大电网交互后更新，用上次迭代后插值获得的量，在本快变时步不发生改变。这些交流量是否收敛通过慢变时步中 2 次迭代的交流误差判断。直流电压更新后，随即影响注入直流网的电流 i_{sc}，同时控制系统有足够的响应速度，将各控制变量调整到相应的位置，因此需要在快变时步迭代，判断是否收敛。

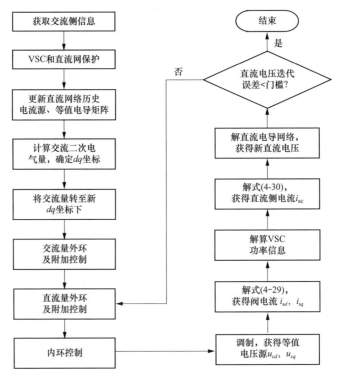

图 4-7　快变时步计算流程

4.4　柔性直流电网特性仿真算例

用本书所提方法搭建两端伪双极 MMC 直流输电系统算例，与 PSCAD 中电磁暂态模型对比。算例一侧结构如图 4-8 所示。交流侧各元件以系统容量为基值的标幺参数为：换流变压器电阻 $R_t = 0$，电抗 $L_t = 0.075$；发电机电抗 0.082；换相电阻 $R_c = 0$，电抗 $L_c = 0.083$。直流线路电阻为 5.683W，电感为 0.376H，电容为 $132\mu F$。换流阀电平数为 31，子模块电容为 $600\mu F$。d 轴采用主从控制，

q 轴均为定无功功率控制。0.8s 受端变压器电网侧母线发生三相接地，接地电阻为 0.01Ω，持续 0.1s。图 4-9 和图 4-10 分别表示送端和受端换流器有功功率、无功功率、直流电压和换流变压器电网侧电压的变化。

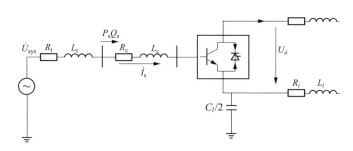

图 4-8　单侧网络接线图

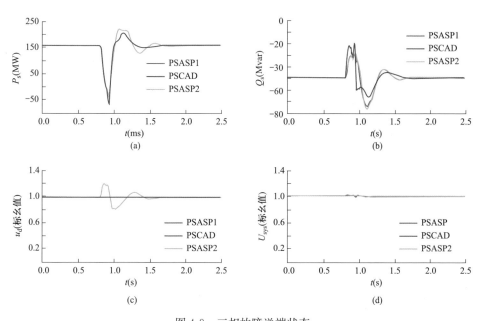

图 4-9　三相故障送端状态

（a）有功功率；（b）无功功率；（c）直流电压；（d）换流变压器电网侧电压

图 4-9 和图 4-10 中 PSASP1 指所有元件用 0.0001s 步长，即全部小步长的仿真结果；PSASP2 是换流站、直流网络用 0.0001s 步长，其余部分用 0.01s 步长，即多速率的仿真结果；PSCAD 为电磁暂态模型仿真结果。比较三种模型计算结果可知：

（1）大部分情况下，多速率仿真和小步长仿真结果几乎重合，说明多速率仿

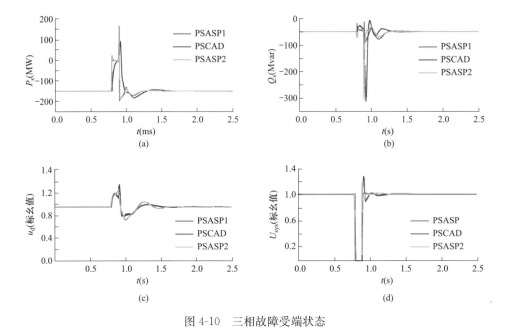

图 4-10　三相故障受端状态

（a）有功功率；（b）无功功率；（c）直流电压；（d）换流变压器电网侧电压

真的算法非常有效。主要区别发生在故障跳变瞬间：故障处换流站的交流母线电压过低，由控功率模型转为控电流模型的持续时间不同，导致功率波形有区别。由于该过程非常短暂，且故障持续期间故障处换流器输出功率基本不进入交流电网，对稳定性分析影响非常小。

（2）机电暂态模型和 PSCAD 仿真结果整体接近，能满足工程计算要求，但仍存在一定偏差，形成这种误差的因素包括无功功率定义，电磁网络规模，直流电缆的模型，步长，换流阀、锁相环、测量元件等模型的差异。

1）无功功率定义。电磁暂态为瞬时无功功率，机电暂态为基波相量无功，前者包含谐波分量。当换流阀交流侧目标电压超过直流系统所能提供的最高电压时，如故障突变时刻，输出电压会产生谐波。对无功功率的控制调节扩大了仿真误差。图 4-9 和图 4-10 中无功功率的偏差最大。

2）电磁网络规模。机电暂态的交流部分不考虑电磁特性，导致机电暂态调节比较硬，曲线棱角突出，缺少经延时后的过渡段。

3）直流电缆的模型。电磁暂态为分布式参数，机电暂态为集中参数模型，响应特性有差别。

4）步长。机电暂态 VSC 模型仿真步长仍远大于电磁暂态仿真步长，导致部分调节量相对电磁暂态偏差较大。

5）换流阀、锁相环、测量元件等模型的差异。机电暂态中只能以延时环节简化考虑上述模型，而电磁暂态中上述元件均有复杂的动作逻辑和响应特性，在大扰动中会出现较显著的偏差。

上述原因带来的仿真差异是机电暂态为保持计算速度，进行模型简化必然付出的代价。从稳定分析的角度看，这些精度损失是能够接受的。另外，上述仿真对比是在不考虑保护装置作用下进行的。实际电网带保护运行，不会允许如此大的扰动过程。本模型配置了常用的保护装置，而保护装置的仿真误差非常小，因此在大电网仿真中 VSC 和直流电网模型的整体仿真误差并不大。

（3）在处理器频率 2.5GHz、内存 4GB、64 位操作系统的 PC 机上，算例 PSASP1 用时 10.847s，PSASP2 用时 0.413s，PSCAD 超过 20min。说明本书方法对 VSC 和直流电网自身的处理有较高的效率。

将上述两端直流扩展成四端直流网络，换流站间共用 5 条电缆连接，即环状网加上主站与不相邻从站间的连线。主站换流变压器电网侧发生与上算例相同的故障。交流侧步长为 0.01s，直流网络分别采用步长为 0.001、0.0001s 和 0.00001s 仿真。直流电压对比如图 4-11 所示，仿真结果基本一致，且与 PSCAD 仿真效果接近。不同直流步长仿真结果差异的原因是：相同的交流电气量变化，被插值成不同数值的直流侧输入量，而直流系统对这些变化的响应是非线性的，导致一个交流周期内直流侧注入交流母线的平均功率不同。由于实际装置是连续动作的，直流仿真步长越小与实际越接近，精度越高。三种直流步长下计算用时分别为 0.342、0.961、5.978s。说明本书算法在较大的直流步长变化范围内有良好的数值稳定性，能保持计算结果一致，鲁棒性强，能极大提高计算效率。需要指出的是：直流网络的仿真步长受直流模型中最小时间常数限制，实际计算中不宜取得过大。

中国西部能源基地建设越来越密集，每建一个能源基地就架设专用线路送功率到东部负荷中心是不经济的。若用直流网连接西部各能源基地，只在少数位置建设长距离的直流输电线，将大大提高输电走廊的利用效率。直流成网送电，也有利于在扰动中根据

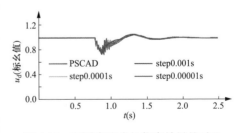

图 4-11 不同直流步长仿真效果的对比

快速变化的直流量进行紧急支援，减少故障对功率传输的影响。因此用本书方法建构具有 134 条直流母线，130 个换流站和 149 条直流线路的直流网络，模拟西

部直流送电网。设置某直流线 1s 发生短路被切除的故障，仿真 40s 过程用时 509.346s。故障线路及其相邻线路功率曲线如图 4-12 所示。该图表明，由于直流电网缺乏抑制振荡的设施，在故障线路被切除后，直流电网将逐步发展出小扰动失稳。这也提示，大规模的直流电网有其特殊的运行规律，目前的技术手段很可能不满足其安全运行的要求。该现象与交流电网曾经出现的情况类似。随着交流电网规模扩大，诞生了大量维持网络安全的装置，如电力系统稳定器、安控装置、动态无功补偿等。直流电网规模扩大，功率、电压等级和支路数上升，类似的稳定装置是否有必要出现是个值得研究的问题。限于篇幅此处不能展开论述，但本书方法为该类研究提供了强有力的工具，特别是考虑到直流网与大规模交流电网的相互作用。传统的电磁类算法由于计算耗时多，进行这类技术支撑非常困难。

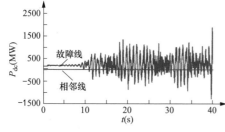

图 4-12　故障线路及其相邻直流线路功率

对不同规模的电网规划算例，用仿真时长为 20s 的 400 个故障扫描，各数据中除 VSC 系统外还有少量工频静特性负荷等控功率模型。这些控功率模型用简化离散牛顿法实现，被称为算法 2，采用目前大型机电暂态仿真软件通行的简单迭代法为算法 1，两种算法的计算结果对比如表 4-2 所示。两种算法仿真结果相近，稳定分析结论一致。不同算法间的最大母线电压偏差小于 0.1（标幺值），均出现在故障持续期间。此时故障点的电压从正常值跃变到接近 0，带动邻近区域电压急剧下降，简单迭代法收敛困难，甚至只能维持较大的误差进入下一步迭代。简化离散牛顿法也面临同样的困难，但该方法的处理流程保证了其结果不差于简单迭代法。当其有效时，能快速收敛，失效时能以具有最小误差的简单迭代法结果作为本时步输出。尽管简化牛顿法在某些算例中只增加时间消耗，没有明显的改善收敛性，但大多数算例中能通过改善收敛性减小仿真用时。而且往往故障冲击越大，电气量变化越剧烈，相对于简单迭代法，简化离散牛顿法越能以较少的迭代次数找到收敛点。表 4-2 说明简化离散牛顿法节省计算时间的优越性在规模越大的电网体现越明显。

表 4-2　　　　　　　　　　两种算法的计算结果对比

数据规模			平均用时（s）	
母线数	LCC	VSC	算法 1	算法 2
24377	15	1	27.88	31.09
49635	21	1	78.32	69.54

参考文献

[1] GEAR C W. Multirate methods for ordinary differential equations [R]. Technique report. Urbana：University Illinois，1974.

[2] CROW M L, CHEN J G. The multirate method for simulation of power system dynamics [J]. IEEE transactions on power systems，1994，9（3）：1684-1690.

[3] 王路，李兴源，罗凯明，等. 交直流混联系统的多速率混合仿真技术研究 [J]. 电网技术，2005，29（15）：23-27.

[4] CHEN Jingjia, CROW M L. A variable partitioning strategy for the multirate method in power systems [J]. IEEE Transactions on Power Systems，2008，23（2）：259-266.

[5] 穆清，李亚楼，周孝信，等. 基于传输线分网的并行多速率电磁暂态仿真算法 [J]. 电力系统自动化，2014，38（7）：47-52.

[6] 刘德贵，费景高. 动力学系统数字仿真算法 [M]. 北京：科学出版社，2000：232-278，335-384.

[7] 倪以信，陈寿孙，张宝霖. 动态电力系统的理论和分析 [M]. 北京：清华大学出版社，2002：135-180.

[8] 徐政，屠卿瑞，管敏渊，等. 柔性直流输电系统 [M]. 北京：机械工业出版社，2013：1-26，289-320.

[9] 刘文焯，汤涌，侯俊贤，等. 考虑任意重事件发生的多步变步长电磁暂态仿真算法 [J]. 中国电机工程学报，2009，29（34）：9-15.

[10] 颜庆津. 数值分析 [M]. 北京：北京航空航天大学出版社，2000：103-143.

[11] SAAD H, PERALTA J, DENNETIÈRE S, et al. Dynamic averaged and simplified models for MMC-based HVDC transmission systems [J]. IEEE transactions on power delivery，2013，28（3）：1723-1730.

[12] 岳程燕，田芳，周孝信，等. 电力系统电磁暂态-机电暂态混合仿真的接口原理 [J]. 电网技术，2006，30（1）：23-27，88.

[13] COLE S. Steady-state and dynamic modeling of VSC HVDC systems for power system Simulation [D]. Belgium：Katholieke Universiteit Leuven，2010.

[14] 訾鹏. 大规模风电接入直流电网的建模仿真与控制 [D]. 北京：中国电力科学研究院，2015.

[15] 郑超. 实用柔性直流输电系统建模与仿真算法 [J]. 电网技术，2013，37（4）：1058-1063.

[16] 陈海荣. 交流系统故障时 VSC-HVDC 系统的控制与保护策略研究 [D]. 杭州：浙江大学，2007.

[17] DOMMEL H W. 电力系统电磁暂态计算理论 ［M］. 李永庄，林集明，曾昭华，译.
北京：水利电力出版社，1991：1-6.
[18] 李庚银，陈志业，丁巧林，等. Dq0 坐标系下广义瞬时无功功率定义及其补偿 ［J］.
中国电机工程学报，1996，16（3）：176-179.

5 西部送端大型直流输电网组网方案设想

5.1 西部主干输电网结构设想

我国交流和直流特高压输电技术已取得巨大成就，为实现大容量远距离输电奠定了坚实基础。然而，建立在常规技术基础上的大容量输电，在输电损耗、环境影响、输电走廊、电网安全等方面，仍存在不足之处。

为了满足未来发展的需求，实现更具优越性能的输电方案，一些采用新材料、新器件、新原理的输电技术，如柔性直流输电技术、直流电网技术、超导输电技术等，正处于基础研究、技术攻关或试点示范等不同阶段。

2030年以后，我国大规模新能源和可再生能源的开发与利用将进入新的阶段。风能、太阳能资源丰富的三北地区和水能资源丰富的西南地区在满足当地供电的基础上，将承担起向中东部负荷中心提供清洁能源的重任。在此情况下，随着直流输电技术快速发展，在突破多端直流输电和直流电网等关键输电技术瓶颈的基础上，在我国西部构建送端直流输电网，具有如下优越性。

（1）能够更好地满足未来电力由西部向中东部地区远距离、大容量输送的重大需求。

（2）能够在西部送端实现风电、太阳能发电、水电、煤电等不同特性电源之间补偿调节，解决新能源出力随机性和波动性带来的相关问题。

（3）可以充分利用输电走廊和线路资源，提高输电系统资产利用效率。

（4）能实现西部广大地区各交流电网的异步连接，提高运行稳定性。

2030～2050年的远期，我国一种可以预期的输电网模式是，逐步形成西部送端直流输电网与中东部受端超/特高压交流电网相融合的输电网。将西部和北部大型煤电基地、风电与太阳能发电等可再生能源基地，以及西南大型水电基地互联，构成大型直流电网，汇集电源并远距离输送到京津冀、华中东四省、华东、南方两广等负荷中心地区消纳，形成一个全新的电网格局。

西部送端直流输电网和中东部受端超/特高压交流电网相融合的输电模式如图 5-1 所示。

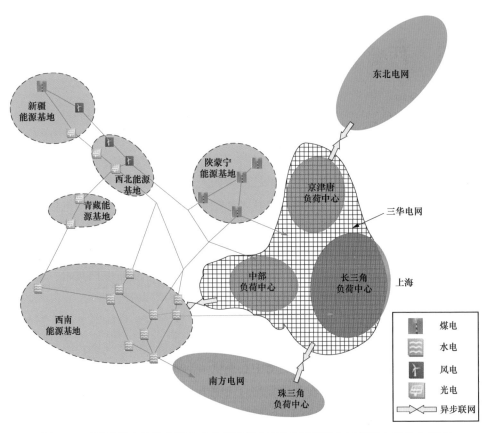

图 5-1　西部送端直流输电网和中东部受端超/特高压交流电网相融合的输电模式

5.2　西部直流输电网分析的情景界定

5.2.1　2050 年西部各类型电源开发与外送规模预测

以节能和最大限度地开发利用可再生能源资源、提高清洁能源电力比重为原则，并结合电源发展的区域布局，有文献提出了我国电源开发方案及西部电网装机方案（见表 5-1），作为西部各种类型电源开发规模的依据。

表 5-1 　　　　　　　　　　电源开发方案及西部电网装机容量

电源类型	规模（亿 kW）	开发布局	西部装机容量（亿 kW）	占西部总装机容量比例
煤电	9.6	西部、中东部各 50%	4.8	30.59%
水电	4.5	西部 80%、中东部 20%	3.6	22.94%
核电	3	中东部负荷中心	0	0
气电	2	中东部负荷中心	0	0
风电	10	西部集中开发 50% 中东部分布式开发 50%	5	31.87%
太阳能发电	4.58	西部集中开发 50% 中东部分布式开发 50%	2.29	14.60%
合计	33.68	—	15.69	100%

以人均用电 8000kWh 为目标情景，测算"西电东送"电力容量。考虑"西电东送"容量和电量占西部总量 40% 和 50% 两种情况，对应"西电东送"电力容量分别为 4.41 亿 kW 和 5.51 亿 kW，送电电量分别为 1.989 万亿 kW 和 2.485万亿 kW。

对以上两种情况进行折中考虑，即"西电东送"容量和电量占西部总量的45%，则西电东送容量为 5 亿 kW，送电电量为 2.25 万亿 kW。对应表 5-1，按照 55% 为西部电网网内供电电源，45% 为西电东送电源，则各类型电源的装机规模如表 5-2 所示。

表 5-2 　　　　　　西部"西电东送"各类型电源装机容量规模

电源类型	西部装机容量（亿 kW）	占西部总装机容量比例	西部网内供电电源（亿 kW）	"西电东送"电源（亿 kW）
煤电	4.8	30.59%	2.64	2.16
水电	3.6	22.94%	1.98	1.62
核电	0	0	0	0
气电	0	0	0	0
风电	5	31.87%	2.75	2.25
太阳能发电	2.29	14.60%	1.26	1.03
合计	15.69	100%	8.63	7.06

由表 5-2 统计可知，西部送端"西电东送"总电源装机容量为 7.06 亿 kW，其中煤电 2.16 亿 kW、水电 1.62 亿 kW、风电 2.25 亿 kW、太阳能发电 1.03 亿 kW。

5.2.2 直流电网覆盖的西部地域范围界定

5.2.2.1 煤炭资源

我国煤炭资源与地区经济发展程度呈逆向分布，经济发达的东部 10 省市（包括辽宁、河北、北京、天津、山东、江苏、上海、浙江、福建、广东），煤炭保有资源储量不到全国的 8％，而新疆、内蒙古、山西、陕西、宁夏、甘肃、贵州 7 个西部和北部省区的煤炭资源储量则占到全国的近 76％。

5.2.2.2 水能资源

我国水能资源丰富，集中分布在长江、金沙江、怒江、黄河等大江大河上，具有很好的集中化开发和规模化外送条件。长江干流上游、金沙江、大渡河、雅砻江、乌江、南盘江红水河、澜沧江、黄河上游、黄河北干流、东北、湘西、闽浙赣和怒江 13 个大型水电基地规划装机容量，约占我国水电技术可开发装机容量的 60％。

5.2.2.3 风能

我国风能资源主要集中在陆地上的"三北"地区和东部沿海地区。蒙东、蒙西、新疆哈密、甘肃酒泉、河北坝上、吉林西部、江苏沿海、山东沿海等地区是我国风能资源最丰富的地区，占全国陆上风能资源的 77.7％。

5.2.2.4 太阳能

我国太阳能资源十分丰富，70％的太阳能资源主要分布在西藏、青海、新疆中南部、内蒙古中西部、甘肃、宁夏、四川西部、山西、陕西北部等西部和北部地区。

根据煤炭资源、水能资源以及风能和太阳能等主要一次能源的地理分布，可见我国主要能源生产区和消费区以大兴安岭—太行上—巫山—雪峰山为分界线，该分界线以西为能源生产区，以东则为能源消费区。综合我国大型能源基地的地理分布，并考虑到多类型能源大范围互济的运行灵活性，界定西部送端直流电网覆盖地域涉及的省区（市）有新疆、甘肃、青海、宁夏、陕西、山西、四川、重庆、西藏、云南、贵州、内蒙古。

5.3 大型能源基地布点的设想方案

表 5-2 中统计的各类型"西电东送"电源容量分别为：煤电 2.16 亿 kW、水

电 1.62 亿 kW、风电 2.25 亿 kW 以及光伏 1.03 亿 kW。表 5-3 列出了 2030 年前
已建成直流的送端电源类型，其中单一类型电源容量按 1000 万 kW 考虑，风火
打捆中煤电和火电各按 500 万 kW 考虑，则各类型电源已有容量分别为：煤电
1.65 亿 kW、水电 1.1 亿 kW、风电 0.35 亿 kW。

综合以上统计，2050 年前，各类型电源需新增的装机容量分别为煤电 0.51
亿 kW、水电 0.52 亿 kW、风电 1.9 亿 kW 和光伏 1.03 亿 kW。新增电源布点的
装机容量按 1000 万 kW 考虑，则各类型电源基地新增布点数量要求分别为：煤
电布点约 5 个、水电布点 5 个、风电布点 19 个、光伏布点约 10 个。

综合考虑西部地区煤炭、水能、风光新能源资源能够支撑的电源开发容量，
各类型电源新增布点的设想方案分别如下。

5 个大型煤电基地新增布点分别为：伊犁地区 3 个、哈密地区 1 个、鄂尔多
斯地区 1 个。

5 个大型水电基地新增布点分别为：西藏雅鲁藏布江流域 3 个、西藏怒江流
域 1 个、四川雅砻江流域 1 个。

19 个大型风电基地新增布点分别为：酒泉地区 4 个；新疆维吾尔自治区 7 个
（达坂城风区、阿拉山口风区、小草湖风区、额尔齐斯河河谷风区、塔城老风口
风区、淖毛湖风区、罗布泊风区）；蒙东通辽、赤峰地区新增 2 个；蒙西乌兰察
布市、锡林郭勒盟、巴彦淖尔市、呼和浩特市等地区新增 5 个。

沙漠太阳能是未来太阳能光伏发电的重要开发资源，为此考虑在太阳能资源
丰富的新疆、西藏、青海以及内蒙古等地区的沙漠、戈壁新增 10 个大型光伏发
电基地布点，分别为：新疆塔克拉玛干沙漠 2 个、库姆塔格沙漠 1 个、古尔班通
古特沙漠 1 个、嘎顺戈壁 1 个；内蒙古巴丹吉林沙漠 1 个；青海海西柴达木盆地
1 个、库木库勒盆地 1 个、海南地区 1 个；西藏地区 1 个。

5.4 直流电网组网形式

近期，直流电网技术尚不具备大规模工程应用条件。因此，在 2030 年前，
近距离输电将主要采用超高压/特高压交流输电方式，远距离则主要采用超高压/
特高压直流输电方式，我国将形成以超/特高压交流和直流输电技术为核心的混
联输电模式。

2030 年后，西部风能、太阳能发电将承担起向中东部负荷中心提供清洁能
源的重任，由于其功率具有间歇性和大幅度、长时间尺度波动的特性，为解决大

柔性直流输电仿真模型及特性分析

容量远距离输送新能源对电网送受端产生的不利影响，以及新能源功率变化引起的大电网潮流波动与转移，构建西部送端直流电网具有优越性。

构建直流电网，有两种可能的方案：①在 2030 年前构建的分散布置的点对点超高压/特高压直流输电模式的基础上，进一步将送端换流站辐射状或网状互联，发展形成以电流源换流器为核心部件的 LCC-HVDC 直流电网；②基于电压源换流器的高压直流输电（VSC-HVDC）关键技术已实现突破，容量已达到与 LCC-HVDC 相当的水平，将西部分散布置的点对点超高压/特高压直流逐步改造为基于电压源换流器的柔性直流，并实现换流站互联，形成 VSC-HVDC 直流电网。

VSC-HVDC 与 LCC-HVDC 技术性能对比如表 5-3 所示。

表 5-3 　　　　　　　　VSC-HVDC 与 LCC-HVDC 技术性能对比

性能对比	VSC-HVDC 直流输电	LCC-HVDC 直流输电
换流阀	全控型 IGBT，电流双向流动	半控型晶闸管，电流单向流动
功率控制	独立控制有功和无功	不能单独控制有功或无功
运行空间	四象限运行，可吸收或发出无功	换流器吸收无功（40%～60%），需无功补偿设备
谐波含量	谐波含量少	谐波含量大
潮流反转	潮流反转时电压极性不变，电流方向反转，速度快	潮流反转时电流方向不变，需要反转电压极性，速度慢

如表 5-1 所示，以节能和最大限度地开发利用可再生能源资源、提高清洁能源电力比重为原则的电源开发方案，西部电网的风电和太阳能电力比重将高达 46.47%。此外，由于风电、太阳能发电主要分布在西北地区，水电主要分布在西南地区，因此在西北部电网中，新能源电力比重将超过 50%。在此背景下，若西部送端电网采用 LCC-HVDC 直流组网方案，将存在以下运行困难。

（1）新能源渗透率提高，常规电源装机比重相应较小。受此影响，LCC-HVDC 换流站短路电流和短路比下降，交直流系统稳定运行更加困难。

（2）配合新能源出力波动调整直流送电功率，将导致大容量滤波器频繁投切。此外，为抑制交流电网电压波动，需额外增设动态无功补偿装置。

（3）潮流反转时电压极性反转，速度慢，难以适应新能源出力波动对快速调整运行方式的要求。

（4）LCC-HVDC 换流站谐波含量大，与新能源系统谐波特性存在耦合威胁，电网电能质量控制难度增加。

与 LCC-HVDC 相比，VSC-HVDC 输电技术的全控器件换相、有功和无功独立控制、可吸收或发出无功功率、谐波含量小以及潮流快速翻转等特性，使VSC-HVDC 直流电网可较好的适应新能源高渗透条件下的电网运行与控制要求。

假定大容量电压源换流器、多端直流输电以及直流电网等先进输电技术的关键技术瓶颈均已突破，因此，综合西部新能源高渗透情景预测以及直流输电技术特征，西部直流电网组网形式为：基于电压源换流器构成的柔性直流输电网。

5.5 直流电网一次主干网架组网形态

5.5.1 组网形态设计的相关原则

我国西部能源基地具有地域覆盖面积广、地形地貌多样、大型发电基地多类型分散布点、电网结构形态演变复杂等众多特征，远期在西部送端构建直流电网，存在诸多不确定性因素，并可能出现多种可能的组网方案。构建西部送端直流电网的主要原则如下。

5.5.1.1 原则一：有效衔接西部电网中期与长期发展模式

鉴于近期直流电网技术尚不具备大规模工程应用条件，因此 2030 年前，近距离输电将主要采用超高压/特高压交流输电方案，远距离则主要采用超高压/特高压直流（LCC-HVDC）输电方式，我国将形成超/特高压交流、直流混联输电模式。2030 年以后，在突破相关关键技术瓶颈的基础上，西部将构建基于 VSC-HVDC 的送端直流电网。

点对点输电为主要特征的 LCC-HVDC 交直流混联输电模式，向多能源基地大范围直流互联为主要特征的 VSC-HVDC 直流电网输电模式过渡，应谋划两种模式有效衔接与科学演化，充分利用既有直流换流站落点以及直流输电通道。

5.5.1.2 原则二：计及地形结构特征，确定直流联网路径

我国西北、西南地区地形结构十分复杂，山川、沙漠、高原等地形结构，都可能成为直流线路铺设的制约因素，影响直流电网组网方案。为此，确定互联直流线路路径时，可参考既有或规划建设的公路、铁路等路径。

5.5.1.3 原则三：直流主网架功能明确、结构清晰

依据电源汇集、网内功率分配、能源互济传输等功能划分，构建直流输电网主干网架，例如结合能源基地地理位置和出力特性，优化选择辐射状或网状并网方式；构建网内多类型电源互济枢纽通道；分散均衡布置外送通道等。

5.5.1.4 原则四：直流主网架具备安全防御能力

任意元件 N-1 停运，直流电网可安全运行；便于实施直流电网解列，从结构上保证其具备有效隔离故障的能力。

5.5.2 组网形态与方案设想

5.5.2.1 团块状直流组网形态

该组网形态的主要特征是，依据多类型电源互补特性与地域分布特征划分区块，以大通道或邻近通道实现区块互联。

在北部地区，按照风、光、火各类电源出力特性以及互补特性，确定各类电源的优化组合比例，利用直流线路将地域相邻的风、光、火大型能源基地互联，形成局部多类型电源直流子网；在西南地区，将水电基地按照地域分布密集程度进行组合，形成水电直流子网或水火电直流子网。

相邻的直流子网间，可就近互联，实现相互之间功率支援与互济；与此同时，南部直流子网与北部直流子网，可通过网内大容量直流枢纽通道进行功率双向传输，实现功率紧急支援效益与多类型电源互济效益。此外，对于远离主网的个别能源基地，可点对网就近接入直流通道。对应该组网形态的结构示意图如图 5-2 所示。

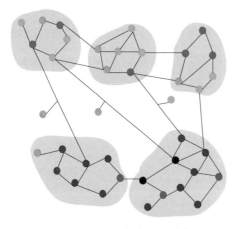

图 5-2 团块状直流组网形态

对应该组网形态，西部送端直流电网组网的实施方案如图 5-3 所示。

团块状直流组网形态的技术优点为：

（1）适应电网由局部组网向大电网互联发展的内在演变规律，具有较好的发展适应性。

（2）电网结构清晰，各直流子网之间具有明确的互联断面，易于潮流控制。

（3）可快速隔离故障，降低直流子网内部故障向外传播和蔓延风险。

5.5.2.2 网格状直流组网形态与方案设想

该组网形态的主要特征是，以能源基地换流站为连接点构建网格状直流电网。

图 5-3　团块状直流组网实施方案

　　以风、光、火、水等大型能源基地为连接点，用直流线路将各点进行较为密集的互联，可构建如图 5-4 所示的网格状直流电网。

　　对应该组网形态，西部送端直流电网组网实施方案如图 5-5 所示。

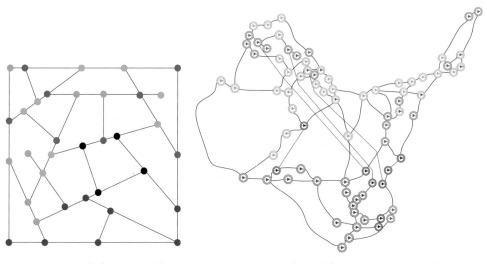

图 5-4　网格状直流组网形态　　　　　图 5-5　西部送端直流电网组网实施方案

网格状直流组网形态的技术优点为：

(1) 网架结构密集，单一能源基地具有多个通道与主网互联，运行可靠性较高。

(2) 区域间互联电气通路多，功率互济调控手段灵活。

网格状直流组网形态的技术缺点为：

(1) 密集的网架结构，易导致故障蔓延，扩大冲击影响范围。

(2) 潮流控制需多个换流站协调参与，控制复杂度增加。

(3) 互联电气通路多，组网成本增加。

5.5.2.3 双环网组网形态与方案设想

该直流组网形态的主要特征是，以直流双环网为骨干网架，跨区连接各能源基地。

对网格状直流电网进行适当简化，构建以直流内、外双环网为骨干网架，跨区连接各大型能源基地的直流电网互联格局；同时，局部大型能源基地密集分布地区，通过短直流线路互联形成局部直流网，以提高运行可靠性；此外，与环网电气距离较远独立的能源基地，可通过点对网辐射状接入。对应该组网形态结构示意图如图 5-6 所示。

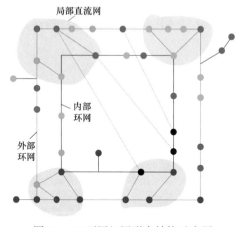

图 5-6 双环网组网形态结构示意图

对应该组网形态，双环网电网组网实施方案如图 5-7 所示。穿越西藏、云南、四川、贵州、陕西、内蒙古、甘肃和新疆的直流通道构成外部环网，穿越西藏、青海、新疆、甘肃、内蒙古、宁夏和四川的直流通道构成内部环网，在新疆和甘肃、内蒙古东部、四川和云南等大型能源密集分布地区，形成较为密集局部直流网络，一方面提高能源基地的运行灵活性与可靠性，另一方面实现内外环网间多点互联；此外，新疆、青海和西藏个别远离环网的风电基地、太阳能光伏发电基地，通过点对网辐射状接入环网。

双环网直流组网形态的技术优点为：

(1) 网架结构较紧密，环线上单一能源基地具有两个及以上通道与主网互连，运行可靠性较高。

(2) 网架易拓展，新增能源基地可灵活接入环网。

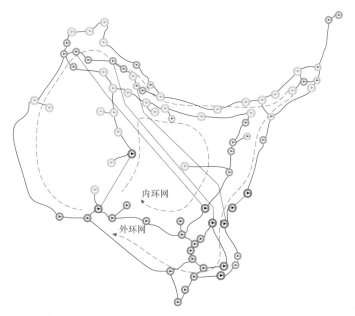

图 5-7 双环网电网组网实施方案

双环网组网形态的技术缺点为：

（1）区域间通过环网连接，电气通路较少，功率互济灵活性不强。

（2）环网中关键支路故障后，易引起潮流转移，导致部分线路功率越限。

（3）环绕西部的大环网距离长，组网成本高。

以上定性分析和讨论了远期西部送端直流电网可能的组网形态和实施方案。应当指出的是，在某一结构形态下存在多种具体的组网实施方案，例如，网格状形态还可以有"梯格状""×横×纵状"等不同方案。西部直流电网结构的演变过程，受电源开发进度、输电路径勘探与征用、具体工程的技术经济性对比等多种因素影响。

5.6 直流二次控制系统构建方案

大型直流电网将多个换流站并入同一电网运行，为实现其灵活调控、协调运行、稳定可靠，需高度依赖直流电网控制系统。

以团块状直流组网实施方案为例，大型直流电网多层级协调控制系统功能架构的设想方案如图 5-8 所示，包括换流站本站控制级、直流子网网内控制级、直流子网网间协调控制级三个层级和广域信息采集支撑系统，其主要功能如下。

柔性直流输电仿真模型及特性分析

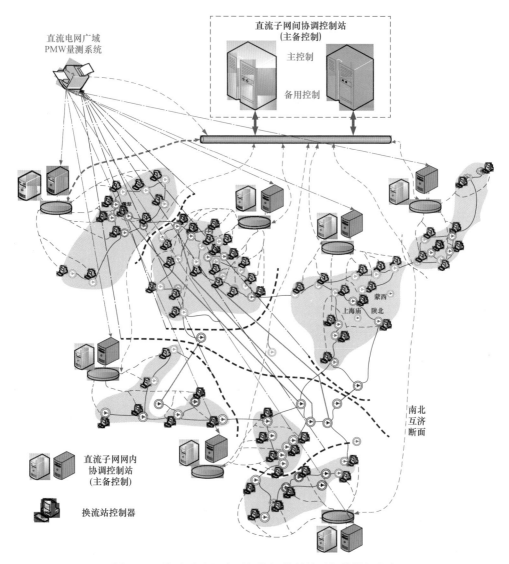

图 5-8　西部直流电网多层级协调控制体系架构设想方案

（1）换流站本站控制级。本站控制的功能定位是，控制电压源换流器直流侧电压，以及与交流电网交换的有功功率和无功功率等。

（2）直流子网网内控制级。网内控制的功能定位是，协调子网内各换流站，合理分配送电功率或负荷；优化子网内部潮流分布；改善子网受扰动态响应特性；执行局部交直流协调控制。

（3）直流子网网间协调控制级。网间协调控制的功能定位是，统计各子网外送需求与送电能力；优化分配子网互济容量，提升外送通道利用效率，实现风、光、水、火多源广域互济；子网间联络线潮流控制；全网拓扑结构分析与潮流优化控制；子网故障的紧急支援控制；严重受扰子网联络线解列的故障阻隔控制。

（4）直流电网广域信息采集系统。直流电网广域信息采集系统的功能定位是，广域实时采集关键运行参数，满足子网间快速协调控制、广域控制与保护的需求。西部直流电网多层级协调控制的信息流与指令流见图 5-9。

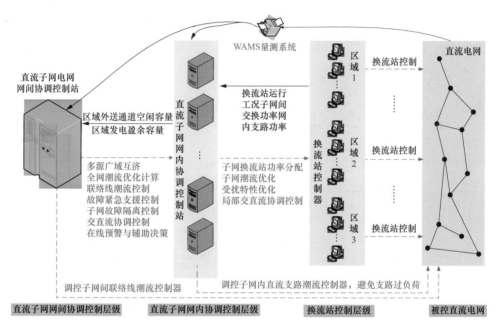

图 5-9　西部直流电网多层级协调控制的信息流与指令流

参考文献

［1］潘垣，尹项根，胡家兵，等. 论基于柔直电网的西部风光能源集中开发与外送［J］. 电网技术，2016，40（12）：3621-3629.

［2］能源革命中电网技术发展预测和对策研究项目组，中国中长期能源电力供需及预测和对策项目组. 能源革命中电网及技术发展预测和对策［M］. 北京：中国科学出版社，2015.

［3］周孝信. 我国中长期（2030～2050 年）能源电力供需及传输的预测和对策//中国科学家思想录·第十三辑［M］. 北京：科学出版社，2017.

附录 A　CEPRI-36 节点交流输电系统相关参数

A1　系统单线图

CEPRI36 交直流混合系统单线图如图 A1 所示。

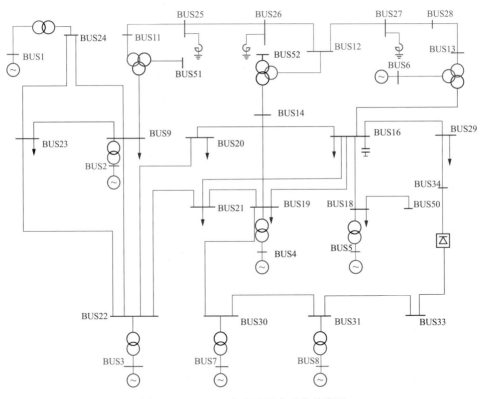

图 A1　CEPRI36 交直流混合系统单线图

A2　系统参数

所有参数以标幺值给出，系统基准容量为 100MVA。

（1）母线。CEPRI36 母线基准电压如表 A1 所示。

表 A1　　　　　　　　　　　**CEPRI36 母线基准电压**

母线名	基准电压（kV）	母线名	基准电压（kV）
BUS1	10.5	BUS19	220
BUS2	20	BUS20	220
BUS3	10.5	BUS21	220
BUS4	15.7	BUS22	220
BUS5	10.5	BUS23	220
BUS6	10.5	BUS24	220
BUS7	10.5	BUS25	500
BUS8	10.5	BUS26	500
BUS9	220	BUS27	500
BUS10	20	BUS28	500
BUS11	500	BUS29	220
BUS12	500	BUS30	220
BUS13	500	BUS31	220
BUS14	220	BUS33	220
BUS15	20	BUS34	220
BUS16	220	BUS50	220
BUS17	20	BUS51	220
BUS18	220	BUS52	220

（2）交流线。CEPRI36 支路阻抗如表 A2 所示。

表 A2　　　　　　　　　　　**CEPRI36 支路阻抗**

I 侧母线	J 侧母线	线路号	正序电阻 R_1	正序电抗 X_1	正序电纳 $B_1/2$	零序电阻 R_0	零序电抗 X_0	零序电纳 $B_0/2$
BUS9	BUS22	10	0.0559	0.218	0.1954	0.1764	0.6407	0.147
BUS9	BUS23	11	0.0034	0.0131	0	0.0116	0.0131	0
BUS9	BUS24	12	0.0147	0.104	0	0.0441	0.312	0
BUS11	BUS25	14	0	0.0001	0	0	0.0001	0
BUS12	BUS26	16	0	0.0001	0	0	0.0001	0
BUS12	BUS27	17	0	0.0001	0	0	0.0001	0
BUS13	BUS28	19	0	0.0001	0	0	0.0001	0
BUS14	BUS19	21	0.0034	0.02	0.0188	0.0743		
BUS16	BUS18	23	0.0033	0.0333	0	0.01	0.0622	0
BUS16	BUS19	24	0.0578	0.218	0.1887	0.1742	0.6339	0.142
BUS16	BUS20	25	0.0165	0.0662	0.2353	0.05355	0.1849	0.177

续表

I 侧母线	J 侧母线	线路号	正序电阻 R_1	正序电抗 X_1	正序电纳 $B_1/2$	零序电阻 R_0	零序电抗 X_0	零序电纳 $B_0/2$
BUS16	BUS21	26	0.0374	0.178	0.164	0.1381	0.5304	0.123
BUS16	BUS29	27	0	0.0001	0	0	0.0001	0
BUS19	BUS21	28	0.0114	0.037	0	0.0364	0.113	0
BUS19	BUS30	29	0.0196	0.0854	0.081	0.0733	0.237	0.0538
BUS20	BUS22	30	0.0214	0.0859	0.3008	0.0569	0.2541	0.229
BUS21	BUS22	31	0.015	0.0607	0.2198	0.0492	0.1776	0.165
BUS22	BUS23	32	0.0537	0.19	0.1653	0.157	0.5658	0.126
BUS23	BUS24	33	0.0106	0.074	0	0.0318	0.222	0
BUS25	BUS26	34	0.0033	0.0343	1.8797	0.025	0.0796	1.319
BUS27	BUS28	35	0.00245	0.0255	1.395	0.0185	0.0591	0.978
BUS16	BUS16	36	0	-1	0	0	-2.65	0
BUS18	BUS50	37	0	0.001	0	0	0.0001	0
BUS25	BUS25	38	0	0.7318	0	0	1.3286	0
BUS26	BUS26	39	0	0.7318	0	0	1.3286	0
BUS27	BUS27	40	0	0.7318	0	0	1.8202	0
BUS30	BUS31	41	0	0.0001	0	0	0.0001	0
BUS29	BUS34	42	0	0.0001	0	0	0.0001	0
BUS31	BUS33	43	0	0.0001	0	0	0.0001	0